Gerhard Dammann

Narzissten, Egomanen, Psychopathen
in der Führungsetage

Gerhard Dammann

Narzissten, Egomanen, Psychopathen in der Führungsetage

Fallbeispiele und Lösungswege für ein wirksames Management

Haupt Verlag
Bern · Stuttgart · Wien

Gerhard Dammann, geboren 1963 als Schweizer in Oran/Algerien, Dr. med., Dipl.-Psychologe, MBA.
Studium der Medizin, Psychologie und Gesundheitsökonomie in Tübingen, Paris, Basel und Lüneburg. Facharzt für Psychiatrie und Psychotherapie, Facharzt für Psychosomatische Medizin, Suchtmedizin, Psychoanalytiker (IPV), Dozent und Supervisor für psychoanalytische Psychotherapie an der Universität Zürich. 1990 bis 2006 Tätigkeit an den Universitätskliniken in Basel, Strassburg, Freiburg und Klinikum rechts der Isar in München.
Chefarzt der Psychiatrischen Klinik Münsterlingen und Spitaldirektor der Psychiatrischen Dienste Thurgau.
Veröffentlichungen zur Diagnostik und Behandlung von schweren Persönlichkeitsstörungen, affektiven Störungen des Wochenbetts, Psychotraumatologie, Evolutionären Psychiatrie und Art brut.
Kontakt: gerhard.dammann@stgag.ch

1. Auflage 2007

Bibliografische Information der *Deutschen Bibliothek*

Die Deutsche Bibliothek verzeichnet diese Publikation in der Deutschen Nationalbibliothek; detaillierte bibliografische Daten sind im Internet über http://dnb.d-nb.de abrufbar.

ISBN 978-3-258-07226-5

Inhaltsverzeichnis

Zu diesem Buch

Psychologische Betrachtungsweisen gewinnen zunehmend an Bedeutung, gerade auch im Management. Der Missbrauch von Macht und Einfluss in der Chefetage, aber auch psychologische Faktoren im Zusammenhang mit Führung und Charisma haben das Thema Narzissmus in den Mittelpunkt des Interesses gerückt. Dennoch mag es erstaunen, wenn in einem neueren Zeitungsartikel ohne Fragezeichen einfach formuliert wird «Karrierestrategien: Narzissten im Vorteil.»[1]

Das Thema *Narzissmus* wurde bisher im Management trotz seiner Relevanz weitgehend ignoriert, kaum solide bearbeitet oder höchstens indirekt in anderen Konzepten wie Charisma und Machiavellismus abgehandelt. Narzissmus ist zwar gegenwärtig in aller Munde. Gleichzeitig fehlen oft klare Merkmale, die helfen können, gesundes Selbstbewusstsein und pathologischen Narzissmus zu differenzieren.

Dabei ist deutlich, dass im Management Narzissmus und paranoide Haltungen zum Problem werden, wenn sie überhandnehmen. «Es herrscht in vielen deutschen Firmen ein Klima der Angst und Schuldzuweisung», stellte der Kieler Organisationspsychologe Dieter Frey schon 1992 fest.[2]

Selbstverständlich schadet der Narzissmus nicht nur den Unternehmen und ihren Mitarbeitern, sondern auch den Narzissten, die Karriere machen wollen, selbst. Blumig brachte es Rust[3] bereits auf den Punkt: «Bevor du dich für diesen Weg entscheidest, blättere erst einmal in den Krankenakten vieler deiner Vorbilder: paranoide Zustände, emotionale Verkümmerung, zwangsneurotisch um Kontrolle der Umgebung bemüht, von Misstrauen zerfressen, depressiv und mühsam von persönlichen Coachs aufrecht erhalten.»

Aber nicht nur die Managementlehre hat da einen «blinden Fleck». Auch die Klinische Psychologie und Psychotherapie beschäftigen sich selten mit Phänomenen aus Wirtschaft und Führung. In dem hier vertretenen Ansatz wird eine Synthese zwischen Managementkonzepten und Psychotherapie versucht.

Während der Begriff *narzisstische Persönlichkeit* heute zumeist einseitig negativ besetzt ist, soll gezeigt werden, dass es sich eigentlich um ein *Kontinuum* handelt, das von positiven, dem Unternehmen und der Führung förderlichen Formen bis hin zu destruktivem oder psychopathischem Narzissmus reichen kann. «Die Unterschiede in der Persönlichkeit wurden in Deutschland lange Zeit weniger beachtet als zum Beispiel in den USA», sagt der Eignungsdiagnostiker Heinz Schuler von der Universität Stuttgart-Hohenheim in Bezug auf Management und Aspiranten auf Chefposten.

In diesem Buch wird deshalb ein *produktiver (erwünschter)* von einem *pathologischen (potentiell destruktiven)* Narzissmus unterschieden und es werden Hinweise für die «Diagnostik» gegeben, die allen Betroffenen helfen: Personalverantwortlichen, Entscheidungsträgern für Neubesetzungen, Führungskräften, die mit Kollegen umgehen, Mitarbeitern, die ihre Chefs managen müssen.

Zahlreiche und aktuelle Fallbeispiele für dieses nicht seltene Phänomen erhöhen die Anschaulichkeit.

In einer Besprechung von Robert Suttons Buch (2006) über destruktive Charaktere im Management heißt es richtig: «Wichtiger für die Zukunft von Unternehmen als jede Balanced Scorecard und jeder Ruf nach einer neuen Fehlerkultur ist laut Sutton das Nachdenken über all die destruktiven Charaktere in den Unternehmen, die ›ihren Mitmenschen schaden und die Leistungsfähigkeit dieser Organisationen untergraben‹. Sie vergraulen Kunden und Mitarbeiter, inszenieren arbeitszeitkostende Konflikte, höhlen die Leistungsfähigkeit von Teams und Management aus.»[4]

Dennoch fehlen moderne Darstellungen, die auf psychologischer Basis, aber aus der Perspektive von Management und Führung dieses Phänomen näher untersuchen.

In diesem Buch wird bei der Analyse des Problems vorwiegend die Position der so genannten *Psychodynamischen Organisationsberatung* eingenommen. Dieser «klinische» Zugang, der viele Perspektiven eröffnet, etwa Gruppenprozesse und den Einfluss des Unbewussten stärker gewichtet, besitzt Vorteile im Umgang mit dem Phänomen – aber auch methodische Probleme, die sich schon dadurch ergeben, dass sich vieles behaupten lässt.

Aus dieser Perspektive wird der Zusammenhang zwischen Führung, Macht, Charisma, Machiavellismus und Narzissmus dargestellt und es wird generell auf das Konzept der Führungspersönlichkeit eingegangen.

Dabei wird die Frage gestellt, ob Narzissmus wirklich mit übersteigertem Selbstbewusstsein zu tun hat, ob es Geschlechtsunterschiede gibt («weiblicher Narzissmus»), welche Rolle die Geführten spielen und welche Bedeutung Aussehen und finanzielle Aspekte haben und wie man sich im «Schadensfall» verhalten und wappnen soll. Schließlich werden verschiedene Beratungs- und Interventionsmöglichkeiten (Coaching etc.) näher erläutert, die spezifisch auf das Problem des Narzissmus zugeschnitten sind.

Einerseits gibt es interessante und spannende Verbindungen zwischen Narzissmus und Erfolg von Führungspersonen, andererseits lauern grosse Gefahren bei Formen übersteigerter Egomanie.

1. Worum es geht:
Management zwischen Dienst an der Sache und Selbstberauschung

> *«Die Sünde gegen den heiligen Geist seines Berufs aber beginnt da, wo dieses Machtstreben unsachlich und ein Gegenstand rein persönlicher Selbstberauschung wird, anstatt ausschließlich in den Dienst der «Sache» zu treten.»*
>
> Max Weber (Vortrag «Politik als Beruf», 1919)

1. Worum es geht: Management zwischen Dienst an der Sache und Selbstberauschung

Wenn der Chef während der Vorstandssitzung telefoniert und alle warten lässt, um nach Beenden des Gesprächs die Sitzung kommentarlos zu verlassen; wenn er sich nur von «Idioten» umgeben sieht; wenn er nicht nur erfolgreich sein, sondern seine Konkurrenten als Versager darstellen und demütigen will; wenn er alles daran setzt, bewundert zu werden, und auf Widerspruch mit einem Wutausbruch reagiert – in solchen Fällen wird man mit dem ganz alltäglichen Wahnsinn im Management konfrontiert, von dem die Business-Literatur bis vor kurzem nichts zu wissen schien.

Das Thema der Persönlichkeit, der Aufgaben und Fehler der Spitzenmanager, die rasch «vom Heilsbringer zum Sündenbock» werden können (so ein Titel eines neueren Artikels)[1], aber auch das Thema Wirtschaftskriminalität[2] haben in jüngster Zeit in den Medien zunehmende Aufmerksamkeit gefunden.

Gleichzeitig hat in den letzten Jahren das Interesse an psychodynamisch-orientierter Organisationsberatung zugenommen, die an Bedeutung gewinnt, ohne jedoch bereits einen größeren Stellenwert in der Praxis zu haben.[3] Die Psychoanalyse verlässt folglich in gewisser Weise ihren «klinischen Elfenbeinturm» und wendet sich vermehrt dem Management zu.[4]

Auf der Basis dieses Ansatzes werden destruktive Mechanismen in Organisationen, die durch narzisstische Persönlichkeitsstörungen und spezifische

Dynamiken entstehen können, näher dargestellt und diskutiert. Dabei werde ich weitere Konzepte aus der Sozial- und Wirtschaftspsychologie wie Macht, Autoritarismus oder Soziale Intelligenz mitberücksichtigen, ohne jeweils immer präzise Begriffsdefinitionen vornehmen zu können.

Insbesondere seit den 90er Jahren des letzten Jahrhunderts hat sich in der Führungsforschung sehr vieles bewegt. Neu hinzu kamen unter anderem:
- die Interaktionsbetrachtung mit dem neuen Fokus auf die Geführten,
- die Betrachtung von Führung als Form einer «Sinngebung»,
- die Wiederentdeckung des Konzepts der charismatischen Führung, die auf Max Weber zurückgeht
- und systemische Betrachtungen von Führung.[5]

Ich folge der Feststellung, die im Eingangszitat der berühmten Rede von Max Weber gemacht wird, dass «rein persönliche Selbstberauschung» (*Narzisstische Motivation*) vom «Dienst an der Sache» (*objektale Motivation*) unterschieden werden muss, wobei die Realität – was die Diskussion spannend, aber auch schwierig macht – wohl in vielen Fällen eine Mischform von Dienst an der Sache und Selbstberauschung sein wird. Von besonderem Interesse ist dabei, dass Narzissmus im Management in der Regel sowohl Erfolgs- wie Risikofaktor für erfolgreiche Führung darstellt.

Der Zusammenhang zwischen Narzissmus und Führung wurde bisher noch erstaunlich wenig untersucht. Von psychodynamischer Seite, der auch dieses Buch weitgehend folgt, waren es besonders die Untersuchungen von Kernberg[6] oder Volkan,[7] die dieses Gebiet bearbeitet haben. 1998 erschien eine noch heute gültige Übersichtsarbeit, an der bekannte Analytiker wie Akhtar, Kafka, Kernberg und andere mitwirkten[8]. Die psychoanalytische Terminologie macht es jedoch für Nicht-Psychotherapeuten nicht einfach, diese Ansätze zu berücksichtigen.

Aber auch von anderer Seite hat man sich vermehrt dem Phänomen genähert, z.B. in jüngster Zeit in der betriebswirtschaftlichen Führungsforschung[9] oder in einer militärisch ausgerichteten, aber sehr breit angelegten Arbeit, die interessanterweise aus der Forschungsabteilung des CIA stammt.[10]

Ein nüchterner Diskurs über den Faktor «Narzissmus» im Management wird erschwert durch das schlechte Image, das *der* Narzissmus im Allgemeinen hat.[11] Er wird allzu häufig nur mit Egoismus, Rücksichtslosigkeit und Ich-Bezogenheit gleichgesetzt. Auch das Thema *Macht* löst zumindest «ambivalente Gefühle, Phantasien und Wertungen»[12] aus.

Bild 1 – Michelangelo Merisi, genannt Caravaggio (1571–1610, italienischer Maler des Barock): Narcissus, sein Spiegelbild im Wasser betrachtend.

In diesem Buch wird nicht zuletzt deshalb ein im Management normaler und notwendiger Narzissmus von pathologischen und destruktiven Formen
unterschieden, weil sie völlig verschiedene Dynamiken freisetzen.

> «Eine ausreichende Portion Narzissmus, ja selbst übertriebener Narzissmus,
> ist meines Erachtens notwendig, um als politischer Führer etwas bewirken
> zu können. Es ist sein Narzissmus, der ihn sich wohl fühlen lässt in seiner
> Haut als ‹Nummer eins›. Narzissmus, ich wiederhole es noch einmal, ist
> kein Unwort.»[13]

Die Gegenüberstellung von «Objektbezogenheit» (Dienst an der Sache) versus
«Narzissmus» ist sicherlich vereinfacht. Ein gesunder Narzissmus, gemeint im
Sinne von ausreichendem Selbstwert und Selbstfürsorge und der Fähigkeit, sich
sowohl abgrenzen als auch auf etwas einlassen zu können, stellt sogar die Vor-
aussetzung für befriedigende Arbeits-, Freundschafts- und Liebesbeziehungen
dar.

Für den destruktiven Narzissmus gilt dies nicht. Hier sind Personalabteilungen, Human Resources Management (HRM), Coaching, die Disziplin «Führung
und Organisation» innerhalb der Betriebswirtschaft und Arbeits- und Betriebspsychologie gefragt, diagnostische und interventionelle Strategien zu entwickeln.

Besonders unter dem Blickwinkel des Human Resources Management
kann der Mensch als das wertvollste Gut eines Unternehmens betrachtet werden («Humankapital»). Ziel ist es, die richtigen *Personen* zur richtigen *Zeit* am
richtigen *Arbeitsplatz* zu haben.

> Die *zentrale Basis* der psychodynamischen Gruppen- und Organisa-
> tionspsychologie ist die Theorie, dass die (sich dann interaktionell oder
> interpersonell manifestierenden) Konflikte des Menschen und seiner
> Umwelt (zum Beispiel am Arbeitsplatz) im Wesentlichen auf die Konflikte,
> *die in ihm selbst herrschen, das heißt auf die intrapsychischen Konflikte,*
> *zurückgeführt werden können.*

Eine zweite zentrale Prämisse geht von der bedeutenden Wirksamkeit auch
unbewusster Psychodynamiken und Abwehrmechanismen aus.[14]

Drittens wird postuliert, dass *Gruppendynamiken*, wie wir sie etwa
in Institutionen finden, spezifische Prozesse in Gang setzen, die in kleineren
«Funktionseinheiten» (Individuum, Paar, Familie) nicht in dieser Weise auftreten. Gemeint sind damit «regressive Prozesse» – Rückgriffe auf kindliche oder

archaische Muster zum Beispiel unter größerer Belastung – oder spezifische Gruppendynamiken in (Groß-)Gruppen und Organisationen.

Im Allgemeinen betonen Organisationsberatung, Führungsseminare oder Coaching häufig einseitig nur die *Potentiale, kreativen Entwicklungsprozesse oder Ressourcen* von Organisationen, Teams oder Führungspersonen. Vergleichsweise selten dagegen werden in diesen Bereichen *destruktive* oder *pathologische* Prozesse beleuchtet und diskutiert.

> Selbst dann, wenn es im engeren Sinn um die Analyse von Konflikten und Konfliktberatung aus organisations- oder betriebspsychologischer Sicht geht, werden bösartige Konfliktverläufe kaum dargestellt. Dieser Bereich der «Pathologie» im Management ist tabuisiert und wird weitgehend verdrängt oder verleugnet.

Über die Gründe für diesen «blinden Fleck» kann nur spekuliert werden. Möglicherweise findet zum einen noch zu wenig Austausch zwischen den diversen Subdisziplinen der Psychologie, d.h. Arbeits- und Organisationspsychologie auf der einen und Klinische Psychologie auf der anderen Seite, statt. Vielleicht steht jedoch auch diese Perspektive, die sich mit zerstörerischen Potentialen und daraus resultierendem Scheitern befasst, zu sehr im Widerspruch zum «optimistischen Geist», den man im Management vertritt und einfordert.

> Bis vor wenigen Jahren wurde in der Forschung Führung meist nur als positive oder neutrale unabhängige Variable betrachtet.

Dies hat sich erst in den letzten Jahren verändert: «Erst in den letzten Jahren hat man in der psychologischen Forschung damit begonnen – nicht wie beispielsweise in der historischen Literatur –, Führung als ein Phänomen zu diskutieren, das auch negativ sein kann.»[15]

> Das Thema «Narzissmus» wird im Bereich der Personalberatung stärker beachtet. In einem Beitrag zum Thema «Fatale Selbstüberschätzung»[16] in Unternehmen wurde beschrieben, dass in einer Studie des «Bundesverbands deutscher Unternehmensberater (BDU)» (befragt nach den zehn wichtigsten «Karrierestolpersteinen») 53% der Personalberater Selbstüberschätzung als wichtigsten Grund für unerwartete Rückschläge in der Karriere angaben. Danach folgte an zweiter Stelle die Unfähigkeit, die Spielregeln des eigenen Unternehmens zu durchschauen. An dritter Stelle folgte die

mangelnde Bereitschaft sich weiterzuentwickeln. Alle drei Aspekte, die mit Wahrnehmungsdefiziten und Selbstüberschätzung zu tun haben, können sicherlich eng mit Narzissmus in Verbindung gebracht werden.

Ziel dieses Buch ist es, ein Verständnis destruktiver Prozesse im Zusammenhang von Führung und narzisstischer Persönlichkeitsstörung zu ermöglichen.

Ausgangspunkt ist dabei die Feststellung von Kernberg[17] und anderen: «Die Charakterpathologien von Führungspersonen, die für Institutionen die größte Gefahr bergen, sind vermutlich die narzisstischen Persönlichkeitsmerkmale.»

Es wird dabei gezeigt werden, dass der Narzissmus als ein Kontinuum verstanden werden kann, der von positiven Formen bis zu destruktiven Formen reicht. Dieses Untersuchungsmodell, das insbesondere durch den Management-Professor und Psychoananalytiker Kets de Vries 1984 entwickelt worden ist, soll dabei auch methodenkritisch betrachtet werden, außerdem sollen empirische Untersuchungen und Testinstrumente dargestellt werden. Es hat natürlich auch bereits früher Versuche gegeben, Führung psychodynamisch zu verstehen.[18] Alle diese Ansätze gehen *von einem Konzept aus, wo Führer und Geführte wechselseitig voneinander abhängen*, stehen also einer monistischen Sicht auf *den* Führer, wie man sie z. T. in der Literatur findet, kritisch gegenüber.

Krantz von der Yale University sprach bereits 1990 davon, dass sich die Führungsforschung in einer Krise befindet, u. a. auch weil komplexe Strukturen «zentralisierte, bürokratische Hierarchien nicht mehr zeitgemäß machten, und unser Verständnis von effektiver Führung sich nicht mehr um den Führer allein dreht, sondern mehr den Kontext betont, in der Führung ausgeübt werden kann.»[19]

In diesem Buch werden auch empirische Arbeiten dargestellt, die jedoch nicht sehr zahlreich sind, wie auch Popper feststellt: «... Die Führungsliteratur enthält sehr wenige empirische psychologische Untersuchungen über die Entwicklung von Führern.»[20] Ausnahmen sind zum Beispiel die Arbeiten von Avolio und Gibbons (1988), die sich auf narrative Interviews stützen, oder die Untersuchung von Mumford und Mitarbeiter (1993) zu destruktiven Prozessen. Dort konnte – passend zur Narzissmustheorie – gezeigt werden, dass *negative Lebensthemen* wichtige Faktoren waren, um destruktive Entscheidungen und Handlungen von Führern vorhersagen zu können.

Es werden dann, auch anhand von praktischen Beispielen, die beiden wichtigsten Ursachen für destruktive Prozesse in Unternehmen dargestellt: zum einen die pathologischen narzisstischen Persönlichkeiten in ihren Erscheinungsformen und ihre besondere Affinität zu Führungsfunktionen, zum anderen aus Gruppenprozessen resultierende destruktive Dynamiken, die häufig durch akzentuierte (krankhafte) narzisstische Persönlichkeitsstörungen ausgelöst werden können.

Schließlich geht es um die konkreten Bedürfnisse in der Management-Praxis: Möglichkeiten einer Organisationsberatung aufzuzeigen, die solche Prozesse berücksichtigt und ihnen mit Interventionen begegnet.

2. Eine neue Sicht auf die Führungspersönlichkeit

2. Eine neue Sicht auf die Führungspersönlichkeit

Der psychobiographische Ansatz zur Analyse von *Erfolg*, *Macht* oder *Genie* geht letztlich auf Freud selbst zurück (etwa in seiner Schrift über Leonardo da Vinci). In der Folge entstanden wichtige psychobiographische Studien, etwa die des Psychoanalytikers Erik H. Erikson, der in seinen Büchern den Zusammenhang von Entwicklungskrisen und Erfolg bei Genies wie Martin Luther oder Mahatma Gandhi darstellte. Zu erwähnen sind aber auch (zum Zusammenhang von Persönlichkeit und Macht) der amerikanische Politologe und Kommunikationswissenschaftler Harold D. Lasswell (1902–1978) mit seinem Buch «Power and Personality» (1948) und die ebenfalls tiefenpsychologische Analyse von Alexander und Juliette George über Präsident Wilson (1964).

Der psychobiographische Ansatz konnte zeigen, dass sich destruktive Führergestalten der Geschichte von positiven Persönlichkeiten deutlich unterscheiden[1] und man bei solchen wie Hitler oder Stalin zahlreiche Kriterien für eine narzisstische Persönlichkeitsstörung erfüllt sehen kann. Natürlich stellt sich in einer psychologischen Geschichtsbetrachtung immer auch die Frage nach der tatsächlichen Bedeutung des einzelnen großen Individuums.

Der Psychoanalytiker und Politologe Bleimberg hat 1996 unter anderem minutiös nachgezeichnet, wie die politischen Entscheidungen Präsident Nixons im Vietnam-Krieg von Empfindungen der Scham und der Demütigung beeinflusst waren. Zudem diagnostizierte er eine kollektive narzisstische Dynamik der USA von der Hybris bis zur Kränkung.

Es kann an dieser Stelle nur angedeutet werden, dass diese «charakterbiographischen» Ansätze zum Verständnis historischer Führer und der Entstehung von Macht nicht unwidersprochen geblieben sind.[2]

Natürlich handelt es sich bei dem hier vertretenen psychodynamischen und neo-charismatischen Führungsmodell nur um eine von zahlreichen Perspektiven, wie die folgende Übersicht schlagwortartig zeigt[3]:

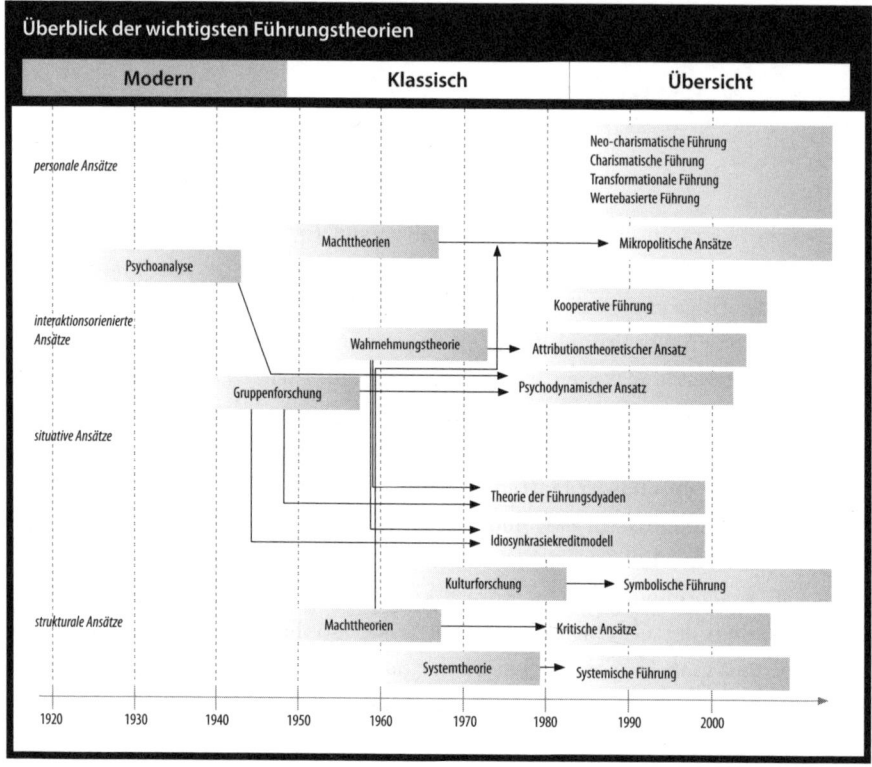

a) Das Problem ist schon lange bekannt

Interessant ist, dass bereits die Kirchenväter und später die Theologen des Mittelalters den «Narzissmus» in seiner Destruktivität benannt haben.

Gesprochen wird in diesem Zusammenhang von der Todsünde des «Hochmuts», die sich aus ursprünglich zwei Sünden (verstehbar als komplexe interaktionell wirksame Affekte) gebildet hat: aus Stolz (*Superbia*) und Ruhmsucht (*Gloria*). Gemeint ist damit eine so genannte Sünde des ungeordneten Strebens nach Auszeichnung und Prestige, die Quelle und Wurzel der Vermessenheit, der Ruhmsucht und der Prahlerei ist.

Die Vorstellung geht zurück auf Evagrius Ponticus, einen christlichen Mönch des 4. Jahrhunderts. Er hatte auf kirchliche Ehren verzichtet und sich in die Einsamkeit der Wüste zurückgezogen. Dort beschrieb er die «acht Gedanken oder Dämonen», die einen Mönch heimsuchen können: *Gula, Luxuria,*

Bild 2 – Superbia (Hochmut) als eine der sieben Todsünden. Holzstich von Hieronymus Cock (1510–1570) nach Pieter Brueghel d. Ä, Maler der niederländischen Renaissance. Die Gestalt in der Mitte unten stellt die narzisstische Persönlichkeit dar, die sich, umlagert von Dämonen, in einem Handspiegel bewundert.

Avaritia, Ira, Tristitia, Acedia, Gloria und *Superbia* (Völlerei, Unkeuschheit, Habsucht, Zorn, Trübsinn, Faulheit, Ruhmsucht und Stolz).

Auf den Zusammenhang zwischen dem «Stolz» als Todsünde der Theologie und dem «Narzissmus» als «Todsünde» der Psychiatrie hat angesichts der Gefahr einer nuklearen Massenvernichtung Frank (1984) hingewiesen. Auch in der Politik wird – wie in der Theologie – von Feinden wie von Dämonen gesprochen (z. B. «Achse des Bösen»).

Auch die griechische Mythologie befasst sich mit diesem Thema, in dem eine enge Verbindung zwischen (menschlicher) *Hybris* und (göttlicher) *Nemesis* (beschämender Rache wegen der *Hybris*) hergestellt wird. *Nemesis* – eine Göttin und Mutter der mit Zeus gezeugten Helena – bestraft diese menschliche Selbstüberschätzung (*Hybris*, was Übermut, Anmaßung und eine Selbstüberhebung bedeutet und auch der Name einer Nymphe ist) und die Missachtung von *Themis*, der griechischen Göttin des Rechts und der Sittlichkeit und der mit ihr verbundenen Tugenden der *Sophrosyne* (Besonnenheit oder besonnene Gelassenheit und Anerkennen der eigenen Grenzen, was die Griechen hoch gewichteten) und des *Aidos* (eine schüchterne Scheu vor den göttlichen Gesetzen). Die griechische Mythologie ist voller Beispiele «narzisstischer» Hybris: Prometheus, der den Menschen das Feuer bringt, oder Ikarus,[4] der zu nahe an die Sonne heranfliegt und abstürzt.

Der Hybris-Nemesis-Zusammenhang (siehe Kapitel 4.c in diesem Buch) kommt auch in dem berühmten alttestamentlichen Sprichwort «Hochmut kommt vor dem Fall» (Sprüche Salomos 16, 18) zum Ausdruck.

Albert O. Hirschman hat in einer bahnbrechenden mentalitätshistorischen Studie zur politischen Ökonomie[5] überzeugend dargelegt, dass die Entstehung des Kapitalismus – nach dem Absolutismus – einherging mit einer Mentalitätsveränderung, weg von der Suche nach moralischem Ruhm (etwa Kathedralenbau) hin zu materiellen Interessen.

Ein dem Narzissmus etwas verwandt wirkendes Konzept verwendet Fukuyama in seinem 1992 viel beachteten universalgeschichtlichen Versuch «Das Ende der Geschichte». Fukuyama greift dort das Konzept des *Thymos* (gr. Lebenskraft) auf, das seit Machiavelli bis hin zu Nietzsche eine große ideengeschichtliche Bedeutung hatte. Er stellt dabei das Konzept der *Megalothymia* – das Verlangen, den anderen Menschen gegenüber als überlegen anerkannt zu werden) – der *Isothymia* gegenüber, die kennzeichnend ist für unsere liberale Gesellschaft, und die das Verlangen bezeichnet, als den Mitmenschen gleichwertig anerkannt zu werden.

Trotz dieser Ansätze muss jedoch mit Schumann[6] festgestellt werden, dass die Persönlichkeit bis heute eine «vergessene Größe in der empirischen Sozialforschung» darstellt.

b) Charaktertypen und Führungsstile nach Maccoby

Als ein Pionier im Versuch, Charakter- oder Persönlichkeitstypologie und Führungsstil zu verbinden, kann sicher der US-amerikanische Professor Michael Maccoby angesehen werden. Nach Maccoby[7] ist zunächst der Führungsstil des *Unternehmers* vom bürokratischen Führungsstil des *Verwalters* zu unterscheiden. Er differenziert dann vier unternehmerische Führungs- bzw. Charakterstile, die tief mit den Wertvorstellungen der jeweiligen Führer verbunden sind:

*Bild 3 – Lord Frederic Leighton (1830–1896, englischer Maler des viktoriani-
schen Neoklasizismus),1869: Ikarus, bevor er sich in die Lüfte erhebt.*

- den Experten,
- den Beschützer,
- den Förderer sowie
- den Innovator.

Jeder dieser Typen hat spezifische positive Merkmale: Der Beschützer schafft Loyalität, während der Förderer tolerant ist, der Experte Kosten senkt oder der Innovator enthusiastisch ist. Jeder Typ hat aber auch negative Merkmale. Der narzisstische Typus findet sich sicherlich am deutlichsten im Stil des «Innovators», der in negativer Ausprägung intolerant, manipulativ, überheblich und utopistisch ist.

Die wesentliche (auch durch Interviews mit Führungskräften empirisch gestützte) Entdeckung Maccobys, auf die hier aber nicht näher eingegangen werden kann, ist: Die erfolgreichsten Unternehmensführer kombinieren die positivsten Merkmale aller vier Unternehmenstypen mit Verwaltungsfähigkeiten.

c) Führungspersönlichkeiten und «gesunde Führer»

Kets de Vries (1999) unterscheidet im Management zwei charakteristische «Extrempersönlichkeiten»: «Live Volcanoes» (lebende Vulkane) und «Dead Fishes» (kalte, leblose Fische).

Das Defizit der «Vulkane» kann als hypoman oder zyklothym, instabil bezeichnet werden. Dagegen sind die «Fische» durch eine Alexithymie gekennzeichnet, eine Form des emotionalen Analphabetismus, bei dem extreme emotionale Bindungslosigkeit, Kühle und generell ein Mangel an Gefühlen dominieren.[8]

Kets de Vries argumentiert, dass vermutlich Persönlichkeiten mit diesen Akzentuierungen Probleme haben werden und eine emotional balancierte und empathische und somit berechenbare Person in der Regel wegen ihrer interaktionellen Vorteile am erfolgreichsten sein wird. Vorteilhaft für «hypomane» Manager ist, wenn sie schillernd, charismatisch, energisch, enthusiastisch etc. sind, nachteilig, wenn sie launisch, verletzend, gereizt sind.

Mit der Zeit kann es bei grandiosen und letztlich narzisstischen Charakteren zu einem Niedergang kommen: Schwierigkeiten, mit Niederlagen umzugehen, Alkoholprobleme, Rückzug von Freunden, finanzielle Ungenauigkeiten, Depression, Erschöpfung, «paranoide» Verarbeitung von Kritik.[9]

Auch «alexithyme» Manager können – etwa in bestimmten technischen Branchen – Vorteile haben. Dann sind sie sachlich, konzentriert auf wesentliche Inhalte, von Stimmungen in Teams wenig beeinflussbar, auch weil sie diese u. U. gar nicht mitbekommen. Im Gegensatz können sie unzugänglich, abweisend, mitleidlos etc. sein.

Mit der Zeit kann es bei diesen (oft zwanghaften oder schizoiden) Charakteren zu Schwierigkeiten kommen: Kommunikationsprobleme, Rückzug, Demotivierung von Mitarbeitern, die dann kündigen; Vermeidungsverhalten bezüglich wichtiger Öffentlichkeitsarbeit oder Vernetzung. Auch diese Persönlichkeitsakzentuierung kann bei Führungskräften über einen Mangel an Enthusiasmus, Visionen oder Inspiration zu Problemen in der ganzen Organisation führen.[10]

Dagegen beschreibt Kets de Vries (1996) den so genannten «gesunden Führer» mit folgenden Kennzeichen:[11]

- *Gesunde Führer sind fähig, intensiv zu leben.*
- *Sie sind mit Leidenschaft dabei bei allem, was sie tun.*
- *Sie können die ganze Bandbreite ihrer Gefühle erleben, ohne blind für eine bestimmte Gefühlsregung zu sein.*
- *Zugleich glauben gesunde Führer an ihre Fähigkeit, Ereignisse zu kontrollieren (oder wenigstens auf sie einzuwirken), die einen Einfluss auf ihr Leben haben.*
- *Sie können persönliche Verantwortung übernehmen. Sie suchen nicht ständig Sündenböcke oder beschuldigen andere, wenn etwas falsch läuft.*
- *Gesunde Führer verlieren nicht leicht die Kontrolle und handeln nicht impulsiv.*
- *Sie können Sorgen oder Zwiespältigkeit verarbeiten.*
- *Gesunde Führer sind gut darin, sich selbst zu beobachten und zu analysieren.*
- *Die besten Führer sind sehr motiviert, Zeit für Selbstreflexion zu verwenden.*
- *Gesunde Führer können mit Enttäuschungen umgehen.*
- *Sie können ihre Bedrückung zugeben und verarbeiten.*
- *Sie können Beziehungen eingehen und pflegen (sexuelle Beziehungen eingeschlossen).*
- *Ihr Leben ist ausbalanciert, und sie können spielen.*
- *Sie sind kreativ, einfallsreich und zum Nonkonformismus fähig.*

Allerdings wirkt diese Forderungskatalog etwas normativ. Man stellt sich die Frage, wer denn überhaupt wirklich so sei. Nicht selten findet sich auch bei erfolgreichen Managern eine Art schizoid anmutende «Spaltung» in zwei Persönlichkeitsanteile («Dr.-Jekyll-and-Mr. Hyde-Syndrom»), bei denen ein Teil im Betrieb äußerst beherrscht und rational erscheint, während der andere Teil, die Person im Privatleben bzw. Partnerschaft, emotional instabil und impulsiv imponiert.[12]

Kernberg[13] benennt folgende fünf «bedeutende, wünschenswerte Persönlichkeitsmerkmale», die für rationale Führung erforderlich sind:

1. Intelligenz
2. persönliche Aufrichtigkeit und Unbestechlichkeit
3. Fähigkeit zur Herstellung und Aufrechterhaltung intensiver Objektbeziehungen
4. ein gesunder Narzissmus
5. eine gesunde, berechtigte, antizipatorische paranoide Haltung, die das Gegenteil von Naivität bedeutet.[14]

Kernberg schreibt dazu: «Die beiden letztgenannten Eigenschaften sind vielleicht die verblüffendsten und dennoch die wichtigsten Aspekte der Aufgabenführung. In seinem Essay von 1921 hat Freud bereits auf sie verwiesen. Ein gesunder Narzissmus schützt den Führer vor übergroßer Abhängigkeit von der Zustimmung anderer und stärkt seine Fähigkeit zu selbständigem Handeln; eine gesunde paranoide Einstellung schärft seine Aufmerksamkeit für die Gefahren von Korruption und paranoiagener Regression (dem Agieren diffuser Aggression, die unbewusst in sämtlichen Organisationsprozessen aktiviert wird) und bewahrt ihn zudem vor einer Naivität, die es ihm unmöglich machen würde, die motivationalen Aspekte institutioneller Konflikte zu analysieren. Die Gefahr besteht darin, dass die Regression der Organisation die narzisstischen und paranoiden Züge der Führung verstärken und machtvolle regressive Kräfte aktivieren kann, die eine weitere Regression in narzisstisch-abhängiger oder paranoid-sadistischer Richtung mobilisieren wird.»[15]

Die massive pathologische Regression verläuft immer in zwei Extremrichtungen: entweder extremer (sadistisch-zwanghafter) Kontrolle und sich kontrollieren lassen oder extremer Kontrolllosigkeit, wo jeder sich selbst bereichert.

Wie Kernberg aufführt, ist ein «gesunder» Führer nicht darauf angewiesen, von allen Mitarbeitern vorbehaltlos «geliebt» zu werden, was Führung naturgemäß schwierig machte. Er kann «ein gewisses Maß an Aggression gegen ihn tolerieren, ohne sich übermäßig beunruhigen zu lassen».[16]

d) Die Psychodynamik von Organisationen und ihrer Führer

Lohmer geht davon aus, dass auch Organisationen über ein «Innenleben» und unbewusste Themen verfügen. Je weniger bewusst diese unbewältigten Themen sind, desto massiver ist ihr Einfluss auf das alltägliche Handeln. In vielen Fällen gibt es aber irrationale Prozesse, die einen erweiterten Blick auf das Unbewusste der Organisation notwendig machen.[17]

Lohmer beschreibt die Funktion des Führers analog der «Containing»-Theorie von Bion. Nach Bion besteht eine wesentliche Funktion der Mutter darin, die (diffusen) Ängste des Kindes für dieses aufzunehmen, auszuhalten (zu «verdauen» oder zu «containen») und es diesem – quasi umgewandelt und «entgiftet» durch diese mütterliche Funktion – zurückzugeben. Auf diese Weise verwandelt die Mutter die zerstörerischen «Beta-Gefühle» in von Bion so genannten «Alpha-Elemente» und ermöglicht das Wachstum des Säuglings und die Entwicklung der Symbolisierungsfähigkeit. Die Mutter «leiht» ihrem Kind ihren psychischen Raum, ihren «seelischen Container». Um diese Funktion erfüllen zu können, braucht es Voraussetzungen, in erster Linie die *«negative capability»*. Gemeint ist damit die Fähigkeit, Unverstandenes, Zweifelhaftes, Unerklärliches, Irritierendes, Befremdendes auszuhalten, ohne sofort Erklärungen dafür haben zu müssen. Ist die Mutter nicht oder nur unzureichend in der Lage, diese Containing-Funktion bereitzustellen, so ist das Kind seinen unerträglichen, zerstörerischen Gefühlen mit den Folgen der Abspaltung, der Projektion etc. ausgeliefert.

Fatal wäre es zum Beispiel, wenn ein Führer Risiko leugnete. Es käme dann zu einer *illusionären Verkennung*, zu einem Verlust des Realitätskontaktes, der oft einhergeht mit einer *Allmachtsphantasie* im Unternehmen, z.B.: *«Wir sind so gut, dass uns nichts passieren kann»* – eine Annahme, die mancher Firma so öfter zum Verhängnis geworden wäre. Speziell auch «Entrepreneurs», die mit hohem Risiko und geringem Kapital innovative Unternehmen leiten, sind hierfür gefährdet.[18] Die Aufgabe des Führers besteht nach diesem Modell also darin, Ängste aufzugreifen und auszuhalten, damit die Mitarbeiter mit ihnen umgehen können, ohne jedoch von ihnen überwältigt zu werden.

«Dies scheint mir die eigentliche Kunst der Führung in einer solchen Krisensituation zu sein: die Mitarbeiter die Situation ernsthaft spürbar werden zu lassen, ohne sie gleichzeitig zu entmutigen oder einzuschüchtern.»[19]

In diesem Sinne hat der Führende die Aufgabe, in sich die Spannungen zu halten und zu bedenken. Er ist derjenige, der dauerhaft die Organisation in seinem Bewusstsein («mind») hält und die in ihr auftretenden Spannungen und Bedrohungen verarbeitet. Diese Haltung hat Bion (1962) als *Containment* beschrieben,[20] als «in sich aufbewahren und verarbeiten». Der Führende – genauso wie der Berater oder Supervisor – dient der Organisation – wenn es idealerweise gelingt – als «Container», als Behältnis also, in das die Organisation und ihre Beteiligten unverarbeitete Elemente (z. B. Ängste, Konflikte, Ambivalenzen, Haß- und Neidgefühle) als «das Enthaltene» (contained) projizieren können. Führungskräfte erleben dieses «Benutztwerden» oft widerstrebend und ärgerlich als «Verkanntwerden»: In der Übertragung ihrer Mitarbeiter werden sie z. B. zu «strengen Vätern», vor denen man sich fürchten muss, die nie genug Anerkennung geben, nie sehen, was man alles tut, so dass in der Perspektive mancher Führungskräfte Mitarbeiter schließlich als «unersättliche und fordernde» Kinder erscheinen. Diese Übertragungsverzerrung ist aber eine nicht zu vermeidende Folge der Großgruppendynamik in Organisationen, die zwangsläufig eine Regression, d. h. ein passageres Absinken des Funktionsniveaus der Mitglieder der Organisation bedingt. Auf den Zusammenhang von Regressionsprozessen und Gruppendynamiken in geführten Gruppen haben bereits 1979 Kernberg und 1980 Volkan aufmerksam gemacht. Durch die regressiven Prozesse kommen sowohl «paranoide» Ängste, verfolgt und bestraft zu werden, als auch unersättlich scheinende Wünsche nach Bestätigung und Belohnung an die Oberfläche.[21]

Die paranoiden Gefühle, die hinter schwerem Narzissmus stehen, können dazu führen, dass sich ein Führer «nur dann sicher fühlt, wenn er mit Hilfe von Angst die anderen omnipotent kontrollieren und unterwerfen kann».[22]

Auf Grund der Projektionen, die durch die massive Angst, gepaart mit Wut, ausgelöst wurden, werden nun Mitarbeiter als Bedrohung empfunden und Angriffe gegen diese gerechtfertigt, gerade durch die negativen Absichten, die ihnen unterstellt wurden.[23]

Die narzisstische Objektwahl, die vor allem einem selbst dient, hat Freud bereits in seiner Arbeit «Massenpsychologie und Ich-Analyse» benannt: «Man liebt es [das Objekt, GD] wegen der Vollkommenheiten, die man fürs eigene Ich angestrebt hat und die man sich nun auf diesem Umweg [den der Idealisierung, GD] zur Befriedigung seines Narzissmus verschaffen möchte.»[24]

Es kann an dieser Stelle nicht näher auf die zahlreichen (oft marxistischen) Ansätze eingegangen werden,[25] die mit Freuds Konzept des Führers als *symbolischen ödipalen Vaters* arbeiten.

Nach dieser Konzeption, die den Gedanken des Vaters der «Urhorde» aufgreift, wird der Führer in seiner psychodynamischen Funktion progressiver gesehen als in den von späteren Psychoanalytikern[26] entwickelten Konzeptionen von Führerschaft, wo es vermehrt um (pathologische) Regressionsprozesse geht.

Rice und Turquet haben eine systemische Organisationstheorie entwickelt, in der dem Einfluss der Persönlichkeit des Führers keine so große Rolle zukommt.

Es kann an dieser Stelle nur kurz auf die libidinöse Theorie Freuds eingegangen werden, die im Wesentlichen besagt, dass der Einfluss des Führers auf die «Masse», durch die Projektion ihrer Ich-Ideale auf ihn, wesentlich zu ihrer Konsolidierung beiträgt und ohne Führer unstrukturierter «primitiver» wäre. Anzieu[27] und Chasseguet-Smirgel[28] sprechen auch vom Führer als «Urheber der Illusion», was sich natürlich auch wieder gegen ihn richten kann.

Gabriel identifizierte in qualitativen Interviews vier zentrale Phantasien: [29] Der Führer als
1)   jemand, der sich um seine Gefolgsleute sorgt,
2)   umgängliche Person,
3)   Allmächtiger und Allwissender,
4)   jemand mit legitimem Anspruch, andere zu führen.

Ausgehend von Kohuts[30] Unterscheidung von «charismatischer» und «messianischer» Führerphantasie postulierte Gabriel,[31] dass diese beiden Typen von Führungsphantasien mit internalisierten Vorstellungen einer primären Mutterfigur (messianisch) oder Vaterfigur (charismatisch) korrespondieren könnten.[32]

Natürlich stabilisieren Erfolg und Macht (wirklich oben zu sein) bei einer narzisstischen Persönlichkeit die Abwehr, was Mentzos treffend als «*Verankerung der psychosozialen Abwehr in der Realität*» bezeichnet hat.[33] Bei diesen Personen trägt die Umwelt dazu bei, dass jene ihr Gefühl, überdurchschnittlich oder großartig zu sein, aufrecht erhalten und weiter nähren. Volkan[34] betonte das fatale Ineinandergreifen von pathologischer Führungsgestalt mit ihrem Machtmissbrauch und (regressiven) Gruppenprozessen in Gesellschaften, die sich in einer Krise befinden. Eine Rolle spielt dabei auch Affektansteckung («Ripple Effect») in Gruppenprozessen.[35]

Kernberg[36] schreibt, dass «unter optimalen Bedingungen diese Projektionsprozesse durch die Aufgabenorientierung der Führungskraft, durch ihre Intelligenz, Sicherheit und moralische Integrität, ihren Respekt vor den Untergebenen und ihre libidinöse Besetzung dieser Mitarbeiter, die einen Teil der gemeinsamen Hingabe an die Aufgabe bildet, kontrollieren.»

Unter pathologischen Bedingungen kann nun diese Balance aus dem Lot geraten, und «die Projektionsmechanismen entfalten einen übergroßen, verstärkten Einfluss, und zwar aufgrund der konzentrierten Macht, mit der die

Autorität der Führungskraft ausgestattet ist».[37] Es können daraus diverse pathologische Führungskonstellationen resultieren, von denen Kernberg einige näher beschrieben hat:

1. *der Führer, der nicht Nein sagen kann,*
2. *der Führer, der immer bewundert und geliebt werden will,*
3. *der Führer, der alles unter Kontrolle haben muss,*
4. *der abwesende Führer,*
5. *der affektiv unzugängliche und instabile Führer,*
6. *der korrupte Führer.*[38]

Alle diese Führungsstile können auf narzisstischer Pathologie basieren und zur Paranoiagenese beitragen. Nach einer Definition von Wirth,[39] der zuzustimmen ist, «könnte man den pathologischen Narzissmus (im Unterschied zum gesunden) dadurch kennzeichnen, dass andere Menschen (mit Hilfe von Macht) funktionalisiert werden, um das eigene Selbstwertgefühl zu stabilisieren.»

Kellerman weist darauf hin, dass im Zusammenhang mit Macht schon länger Machtmissbrauch und Korruption untersucht worden sind, dass dies jedoch im Management bis heute fast vollständig ausgeblendet wurde: «*Macht geht überall Hand in Hand mit Korruption – überall, außer in der Business-Leadership-Literatur. Wenn man Tom Peters, Jay Conger, John Kotter und die meisten ihrer Kollegen liest, dann sind Führer mit den Worten von Warren Bennis Individuen, die einen gemeinsamen Sinn kreieren sowie eine charakteristische Stimme, Anpassungsfähigkeiten und Integrität haben. Laut der heutigen Business-Literatur ist ein Führer per Definition gütig.*»[40]

3. Was ist ein Narzisst?

3. Was ist ein Narzisst?

a) Vom normalen zum gestörten Narzissmus

Unter Narzissmus versteht man nach der klassischen Definition von Moore u. Fine aus dem Jahr 1967 eine *Konzentration des seelischen Interesses auf das eigene Selbst.* Aus dieser Definition wird ersichtlich, dass wir es also mit einem *Spektrum* zu tun haben, das von normalem, angemessenem Narzissmus bis hin zu schweren narzisstischen Störungen reichen kann. Wenn die narzisstische Problematik überwiegt, wie bei der narzisstischen Persönlichkeitsstörung, dann dominiert die Beschäftigung mit dem eigenen Selbst und dem Selbstwert die Beziehung zu anderen Menschen und die Interaktionen mit diesen. Das führt zum Beispiel zu ständigen Vergleichen mit anderen, zu einem Bedürfnis nach Bestätigung oder zu Neid. Ohne an dieser Stelle näher auf die Ätiologie (Ursachenlehre) dieser Störung eingehen zu können, führt vermutlich in besonderem Maße die Erfahrung mangelnder echter und bedingungsloser Wertschätzung in der Kindheit zur Ausbildung dieser Störung. Es kommt zum charakteristischen Problem von *Grandiositätsphantasien* (die immer auch Unabhängigkeit von anderen bedeuten) auf der einen und dem *Gefühl von Minderwertigkeit* auf der anderen Seite. Hinzu kommt die Vorstellung oder Phantasie, niemanden zu brauchen, sich «selbst zu genügen».[1]

Frühe Analytiker sprachen in diesem Zusammenhang auch vom «Gotteskomplex»[2] oder «Nobelpreis-Komplex».[3]

Bei den schwersten Formen narzisstischer Persönlichkeitsstörungen, die man auch als *destruktiven Narzissmus* bezeichnen kann, dominiert dieses Problem die Beziehungen zu den Mitmenschen vollkommen. Solche Personen müssen, um ihren Selbstwert zu regulieren, die Verdienste anderer kleinreden oder für sich beanspruchen. Die Beziehungen sind stark manipulativ,[4] d. h. der andere (zum Beispiel Partner oder Mitarbeiter) wird kaum in seiner Eigenbedeutung gesehen, sondern dient der subjektiven Bedürfnisbefriedigung, was etwa durch ein manipulatives Verhalten zu erreichen versucht wird, d. h., dass diese Personen immer nur nehmen und erwarten, aber kaum je uneigennützig «geben». Tragischerweise wiederholen somit diese Personen an anderen Menschen die selbst durchgemachte Erfahrung, den anderen nicht wirklich als Person wichtig zu finden. Kennzeichnend sind auch anfängliche Begeisterung oder Idealisierung für Projekte oder Personen, denen dann meist rasch eine Entwertung folgt. Typisch ist also eine Sichtweise, in der sich die Person immer wieder von «Idioten» umgeben sieht. Lässt sich eine Person nicht manipulieren oder entwerten, droht diese als gefährlich, bedrohlich, als Feind erlebt zu werden. Bei diesen Personen dominiert oft eine enorme Anspruchs-, Vorwurfs- und Versorgungshaltung. Auf Grund der schlechten Selbstwertregulation reagieren die Personen häufiger gekränkt bis hin zu nachhaltiger (narzisstischer) Wut. Sutton beschreibt eine Reihe von solchen dysfunktionalen Interaktionsmustern, die diese Persönlichkeiten auszeichnen:

- Als Witze getarnte Beleidigungen
- Öffentliches Demütigen
- Ständige beißende Ironie
- Rüdes Unterbrechen des anderen
- Ignorien bestimmter Personen bei Sitzungen
- Verletzung der Privatsphäre etc.[5]

Als literarisch ausgearbeiteter Prototyp des narzisstischen Managers kann Melvilles *Kapitän Ahab* im Roman «Moby Dick» gelten:
- Statt das Unternehmensziel zu verfolgen, nämlich Wale zu fangen, benützt Ahab (dieser *«große, gottlose, gottähnliche Mann»*[6]) seine Mannschaft für seine eigenen Ziele, nämlich den weißen Wal zu jagen:
- Dieses Ziel wird (monoman) verfolgt.
- Abweichungen davon werden nicht toleriert und mit Enttäuschung und Verachtung quittiert.
- Das Ziel ist von Grandiosität gekennzeichnet (riesenhafter Albinowal).
- Die Beziehung von Ahab zum gejagten Wal ist von einer narzisstischen Kränkung bzw. Verletzung gekennzeichnet, verlor der Kapitän doch durch ihn ein Bein.
- Entsprechend dominiert eine große Wut (*«für diese Jagd wird meine Krankheit zu meinem ersehnten Befinden»*[7]).
- Schließlich nimmt Ahab in Kauf, dass alle anderen mit ihm untergehen, worin sich die destruktive Ebene des Narzissmus zeigt.

Auch am Beispiel des Satans, eines gefallenen Engels (dargestellt etwa in John Miltons «Paradise Lost»), lässt sich narzisstische Hybris und Nemesis trefflich darstellen.[8] Deshalb kann man sagen: «Absolutes Böses kann nicht von einer

Bild 4 – Kapitän Ahab im Kampf mit dem weißen Wal

Bild 5 – Satan bietet seine Legionen auf.
Stich nach Johann Heinrich Füssli, Illustration zu John Milton: Paradise Lost, 1802, Privatbesitz London

milden Form von Stolz stammen, sondern nur aus der extremsten Form, die ich absoluten bösartigen Stolz oder bösartigen Narzissmus nenne».[9]

Obwohl manchmal auch argumentiert wird, dass negative Persönlichkeitsänderungen bei Führungskräften *die Folge* von größerer Macht und Einfluss sein könnten, bin ich dagegen der Meinung, *dass der Zusammenhang umgekehrt ist*, d. h. Aspekte entsprechender Persönlichkeitseigenschaften – die von schwer narzisstisch bis sogar psychopathisch reichen können – sogar die Karriere in Wirtschaftsunternehmen zunächst begünstigen!

Im Einzelnen sind dies folgende *Kennzeichen*, die sogar einen «Selektionsvorteil» für die Karriere darstellen können:
- oberflächlicher Charme,
- übersteigertes Selbstwertgefühl,
- Tendenz, sich zu überschätzen,
- zum Teil charismatische Eigenschaften,
- suchtartiges Arbeitsverhalten,
- Stimulationsbedürfnis/Reizhunger auf Grund der Tendenz zur Langeweile,
- Fähigkeit, andere zu lenken, zu beeinflussen oder zu manipulieren,
- Mangel an Schuldgefühlen, bis hin zur Fähigkeit, leicht zu lügen,
- oberflächliche Gefühle und dadurch mangelnde Bindung, Loyalität,
- Gefühlskälte, Mangel an Empathie,
- Risikofreudigkeit,
- Verweigerung der Verantwortung für eigenes Verhalten,
- große innere «Flexibilität» auf Grund mangelnder tatsächlicher Bindungen und Identitäten.

Zurzeit ist das Thema der «Psychopathen» oder «Soziopathen», die einem angeblich überall umgeben, relativ en vogue.[10] *Der Soziopath von nebenan. Die Skrupellosen: Ihre Lügen, Taktiken und Tricks* lautet der Titel einer neueren Veröffentlichung, die aus dem Amerikanischen übersetzt wurde.[11] Diese Personen werden überzeichnet als frei von jeglicher Scham, Schuld oder Reue dargestellt, gleichzeitig sollen sie voller schmeichelnden Charmes und charismatischer Ausstrahlung sein. Diese Sichtweise erscheint sehr holzschnittartig. Zum einen entspricht sie dem Bild von Insassen in forensischen Abteilungen und Gefängnissen, die kaum je größeren beruflichen Erfolg erreichen, zum anderen bleibt unklar, warum Personen mit solch negativen Eigenschaften von ihrer Umwelt als nett und anziehend empfunden werden sollen. Es besteht auch die Gefahr, dass bestimmte Eigenschaften, die gute Führungskräfte auszeichnen, so als Kennzeichen von «Soziopathie» missdeutet werden. In Abgrenzung zu diesen Ansätzen plädiere ich für wesentlich mehr Zwischenstufen und Differenzierungsmerkmale.

Darüber hinaus gibt es eine Reihe populärer Schriften, die die Chefs als Tyrannen in der Führungsetage charakterisieren, die man möglichst nicht so ernst nehmen sollte, das Phänomen *Mobbing* oder das Verhältnis *Chef und Chefsekretärin* fokussieren oder aber das Verhalten in Büros (mehr oder weniger wissenschaftlich) mit Verhaltensweisen von *Affenrudeln* vergleichen:

- Katharina Münk (2006): *Und morgen bringe ich ihn um! Als Chefsekretärin im Top-Management.*
- Robert I. Sutton (2006): *Der Arschloch-Faktor. Vom geschickten Umgang mit Aufschneidern, Intriganten und Despoten im Unternehmen.*
- Richard Conniff (2006): *Was für ein Affentheater. Wie tierische Verhaltensmuster unseren Büroalltag bestimmen.*

Der Erfolg dieser Bücher erklärt sich auch aus dem Wiedererkennungseffekt beschriebener Muster, aus Voyeurismus und der Unterstützung einer Haltung, die man m. E. wie folgt beschreiben könnte: «Ich bin zwar nicht so erfolgreich wie mein Chef und verdiene auch weniger, aber dafür bin ich nicht so beziehungsgestört, korrupt, despotisch oder arbeitssüchtig wie er.»

Kritisch äußert sich auch Schreyögg[12,13]: «*Wie Wolfgang Schmidbauer anmerkt, präsentieren sich erfolgreiche Männer oft gottähnlich... Das korrespondiert mit der aktuellen Führungsdebatte in angelsächsischen Ländern. Dort avancierte persönliche Ausstrahlung unter dem Begriff «Charisma» zu einem wesentlichen Erfolgsfaktor in Unternehmen. Bei Durchsicht einschlägiger Publikationen beschleicht einen der Eindruck, nun sollten sich möglichst schnell und möglichst viele Führungskräfte zu «Visionären», «Missionaren» oder «Helden» entwickeln. Abgesehen von Realisierungsproblemen bleibt zu fragen, ob das massenhafte Auftreten von Charismatikern überhaupt wünschenswert ist. Wie nämlich Analysen der organisatorischen Realität zeigen, ergeben sich durch derartige Phänomene erhebliche Risiken. Sie betreffen das Unternehmen, sie betreffen potentielle Nachfolger solcher Führungskräfte und sie betreffen sogar den Charismatiker selbst.*

Zur Risikobereitschaft weist Post[14] darauf hin, dass es das narzisstische Gefühl von «Omnipotenz und Unverletzbarkeit» ist, das dazu führt, dass Risiken eingegangen werden, die eine gewöhnliche Führungskraft nie eingehen würde.

Bei einzelnen Eigenschaften, etwa «Verantwortungslosigkeit», wird deutlich, dass der «Erfolg» dieser Persönlichkeiten möglicherweise auch stärker von der jeweiligen Branche abhängt. Vorstellbar wäre etwa, dass z. B. hohe Risikobereitschaft (der Typus des «Spielers» oder «Hochstaplers») im Investment-Banking besser reüssiert als in einer konservativeren und risikoärmeren Branche.

Kets de Vries (2005) benennt die klassischen Symptome Versagensangst, Erfolgsangst, Perfektionismus, Aufschub und Arbeitswut. Er beschreibt daraufhin, wie *«perfektionistische Überflieger nicht nur ihre Karrieren beschädigen können, sondern auch die Moral ihrer Kollegen und das Endresultat, indem sie zulassen, dass Angst ein sich selbst behinderndes Verhalten auslöst und die Organisationen kaputt macht, die sie zufrieden stellen wollen».*[15]

b) Woran man narzisstische Störungen erkennt

Nach dem Klassifikationshandbuch psychischer Störungen der Amerikanischen Psychiatrischen Vereinigung[16] zeigt die narzisstische Persönlichkeitsstörung ein durchgängiges Muster von Großartigkeit – in der Phantasie oder im Verhalten –, ein Bedürfnis nach Bewunderung und einen Mangel an Einfühlungsvermögen. Vorhanden sein müssen *mindestens 5* der folgenden 9 typischen Merkmale:

Kriterien der Narzisstischen Persönlichkeitsstörung:
1. Übertriebenes Selbstwertgefühl (eigene Fähigkeiten und Talente werden übertrieben; Erwartung, selbst ohne besondere Leistung, als «etwas Besonderes» beachtet zu werden)
2. Ständige Phantasien grenzenlosen Erfolgs, Macht, Glanz, Schönheit oder idealer Liebe
3. Ansicht, als Mensch besonders und einzigartig zu sein und deshalb nur von besonderen Menschen (etwa mit höherem Status) verstanden zu werden oder mit solchen verkehren zu wollen
4. Ständiges Verlangen nach Bewunderung
5. Anspruchsdenken
6. Zwischenmenschliche Beziehungen werden ausgenützt, um die eigenen Ziele zu erreichen
7. Mangel an Einfühlungsvermögen
8. Neid auf andere oder sich beneidet fühlen
9. Arrogantes, überhebliches Verhalten

Es handelt sich bei dieser Kategorie also um einen Sammeltopf von einerseits verhaltensnahen, andererseits psychodynamischen Kriterien.[17]

Das gleichzeitige Auftreten (Komorbidität) mit anderen Persönlichkeitsstörungen ist bei den narzisstischen Störungen außerordentlich hoch. Am häufigsten finden sich die Kombinationen mit histrionischen, dissozialen oder Borderline-Persönlichkeitsstörungen.[18] Häufig ist aber auch die Kombination mit einer dependenten, zwanghaften oder paranoiden Persönlichkeitsstörung. Einschränkend wird darauf aufmerksam gemacht, dass nicht bei jedem Vorhandensein von narzisstischen Persönlichkeitszügen von einer narzisstischen *Persönlichkeitsstörung* gesprochen werden sollte. Es sollte generell zumindest eine länger dauernde schwerwiegende Beeinträchtigung in zahlreichen Lebensbereichen, insbesondere bei der Arbeit und Beziehungen, vorliegen, damit von einer «Persönlichkeitsstörung» gesprochen werden kann.

Hyperaktivität stellt oft einen Versuch dar, Leeregefühle und Depressivität zu maskieren. Solche Gefühle sind zum Teil mit dem Narzissmus selbst in Verbindung zu bringen, sind aber zum Teil auch deswegen weit verbreitet, weil Führungskräfte merken, dass ihnen die Zeit vorausgeht, d.h. sie zwar (unter Umständen sehr) viel verdienen, aber letztlich nicht dazu kommen, obwohl sie nicht mehr jung sind, etwas von dem zu leben, was ihnen wichtig ist. – Was auch das bekannte Phänomen des «plötzlichen Aussteigens» von Managern erklärt. Es kommt so zu einer narzisstischen Krise, da sich die Lebensmöglichkeiten zunehmend verringern.

Ein bekanntes Fallbeispiel aus dem Wirtschaftsbereich ist Larry Ellison, der Gründer der Software-Firma Oracle und heute einer der 10 reichsten Männer der Welt. Als außereheliches Kind geboren, wurde er mit 9 Monaten zu einer Tante gegeben. Sein Stiefvater sagte ihm immer wieder, dass aus ihm nichts werden würde. Während seines Mathematik-Studiums erreichte er stets hervorragende Leistungen und wurde sogar als Student des Jahres ausgezeichnet. Dennoch fiel er – als seine Stiefmutter verstarb – durch sämtliche Abschlussexamen und verließ deshalb die Hochschule ohne Abschluss. Wegen seines aggressiven und charismatischen Führungsstils ranken sich um Ellison zahlreiche «Mythen», die sehr gut sein Bedürfnis zeigen, das tief sitzende Minderwertigkeitsgefühl durch Gesten der Überlegenheit zu kompensieren. Nach einem Segelrennen soll er nach dem Sieg schleunigst zum Flughafen gefahren sein, dort seinen Kampfjet bestiegen haben, um über den Köpfen der Segler zu kreisen und den Nachzüglern damit eine weitere Demütigung zuzufügen. Das «Motto» dieses Unternehmers lautet:

«Es reicht nicht, dass ich erfolgreich bin; alle anderen müssen versagen.» [19]

Es ist kein Zufall, dass die Firma in ihrem Expansionsstil ebenfalls als aggressiv gilt. [20]

Interessante Parallelen bestehen auch zum so genannten Stress-Typ A [21]. Die psychosomatische Stressforschung hat eine Stress-Persönlichkeits- bzw. Verhaltenstypologie geschaffen. Der Stress-Typ A ist gekennzeichnet durch eine Kombination von hohem Leistungsstreben, Konkurrenzdenken, Ungeduld, Perfektionismus, Hektik, Aggressionsbereitschaft, «Hostility» (Feindseligkeit) und Ärger. Für Personen mit Typ-A-Stressmuster ist das Risiko, einen Herzinfarkt oder einen Schlaganfall zu bekommen, doppelt so hoch wie für andere Menschen. Besonders risikoreich ist die Kombination von hohem Erfolgsstreben und intensivem Stress, wenn Situationen sich häufen, in denen einerseits große Anstrengungen erforderlich und gleichzeitig Misserfolg sehr wahrscheinlich sind. In den letzten Jahren wurde insbesondere der Feindseligkeit innerhalb des Typ-A-Musters größere Beachtung geschenkt, da diese mit gesundheitsschädigenden Veränderungen der sympathikus-vermittelten autonomen Regulation und Hypothalamus-Hypophysen-Nebennierenrinden(HPPA)-Stress-Achse einhergehen kann.[22] Dieser Zusammenhang zwischen Typ A und der Neigung zur Feindseligkeit könnte evtl. auch die bekannten Gesundheitsrisikofaktoren von Managern (Herzinfarkt, Hörsturz etc.) miterklären helfen.

Zur Diagnose der narzisstischen Persönlichkeitsstörung liegen für Kliniker und Forschung mehrere *Instrumente* vor, die auch für die Management-Praxis von Interesse sind:

Diagnostik-Instrumente:
- Das *Strukturelle Klinische Interview* für die DSM-IV-Achse-II-Persönlichkeitsstörungen (SCID-II),[23] ein reliables halbstrukturiertes Interview, dessen Fragen zur narzisstischen Persönlichkeitsstörung zwar an den DSM-Kriterien ausgerichtet sind, jedoch zum Teil, was die konzise Beantwortung angeht, relativ plump wirken und für Personen relativ leicht in Richtung sozialer Akzeptiertheit zu identifizieren und zu beantworten sind (beispielsweise: «Sind Sie häufig neidisch?»).
- Das *Narzissmus-Inventar*,[24] ein Selbstbeurteilungsinstrument, das den Vorteil hat, dass es systematisch verschiedene (zumeist selbstpsychologisch beeinflusste) theoretisch relevante Aspekte der Organisation und Regulation des (normalen bis zur Pathologie reichenden) narzisstischen Persönlichkeitssystems, soweit sie der Selbstbeobachtung zugänglich sind, erfasst.
- Ein spezielles Instrument, welches Narzissmus «misst», ist das (bislang allerdings nicht auf Deutsch vorliegende) *Diagnostic Interview for Narcissism* (DIN).[25] Es erfasst den Narzissmus auf fünf Ebenen (Grandiosität, interpersonelle Beziehungen, Reagibilität, soziale und moralische Adaptation, Affekte und Gefühlszustände).
- Das auf Deutsch ebenfalls nicht erhältliche, aber in der psychologischen Literatur häufig verwendete *Narcissistic Personality Inventory* (NPI) von Emmons.[26]

Eine Kritik an den gängigen Instrumenten könnte dabei sicherlich sein, dass eher die extravertierteren Formen von dominantem Narzissmus erfasst werden,[27] während verborgene Formen vielleicht untergehen und so unerkannt bleiben.[28]

Die Diagnose einer narzisstischen Persönlichkeitsstörung wird sich jedoch in erster Linie meist bereits nach der klinischen Phänomenologie und der Erhebung der Anamnese ergeben. Insgesamt muss davor gewarnt werden, wie dies aber häufig geschieht, bei jedem Vorhandensein von narzisstischen Zügen (z. B. bei entwertenden Vorgesetzen u. a.) von einer «narzisstischen Persönlichkeitsstörung» zu sprechen. Es sollte generell zumindest eine länger dauernde schwerwiegende Beeinträchtigung in zahlreichen Lebensbereichen (Arbeit, Beziehungen etc.) vorliegen, damit von einer «Persönlichkeitsstörung» gesprochen werden kann.[29] Dauernde Leistungsfähigkeit, bei beruflichem Erfolg unumgänglich, erfordert zumindest ein gewisses Maß an Ich-Stärke und Sublimierungsfähigkeit, die meist gegen eine Persönlichkeitsstörung im engeren Sinne[30] sprechen.

c) Größenphantasien, Zorn und das Selbst-System des Narzissmus[31]

Aus psychodynamischer Sicht beschrieben, findet sich beim Narzissmus eine ausgelebte oder phantasierte grandiose Vorstellung, alles Gute in sich zu tragen und nichts zu benötigen, was dem Schutz gegenüber Gefühlen der Nichtigkeit, der Abhängigkeit und des Neides dient. Die Abwehr von Gefühlen der Nichtigkeit und der Leere ist dabei als zentral anzusehen. Die Nichtigkeitsgefühle, die bei Trennungen und Misserfolgen verstärkt auftreten, stellen dann eine Bedrohung der Person dar.

Die Grandiosität kann dabei die Form einer durch Ansprüchlichkeit geformten, chronifiziert wütenden Grundstimmung annehmen, die sich dann als Ärger, Zorn oder rachsüchtiges Ressentiment anderen Menschen gegenüber zeigt. Auffällig wird die Wut, zum Teil aus nichtigem Anlass, wenn etwas nicht so läuft wie gewünscht, d. h. sich die Realität nicht nach den eigenen Vorstellungen richtet. Die wesentlichen Abwehrmechanismen beim Narzissmus sind dabei, wenn die Intellektualisierung etwa nicht mehr greift, die Idealisierung und die Entwertung. Dies wird besonders gut sichtbar an der Art, wie von diesen Patienten über frühere enttäuschende Therapien gesprochen wird.

Andere Menschen, oft sogar Partner, Freunde oder Familienangehörige, werden in ihrer Selbständigkeit nicht wahrgenommen, bzw. diese wird als lästig erlebt. Der andere, etwa dessen Erfolge, dient der eigenen Selbstwertregulation. Häufig hat der andere dadurch die Funktion eines «Selbstobjekts».[32] Umso überraschender ist es dann oftmals für solche Personen, wenn sich beispielsweise der Partner oder die Partnerin dann doch trennt, hatte der Betroffene doch in keiner Weise damit gerechnet. In Beziehungen sind die Personen mit einer narzisstischen Persönlichkeitsstörung oft sehr leicht kränkbar, sie erleben sich so, dass sie selbst auf der Suche nach Liebe, Unterstützung und anerkennender Bewunderung sind, während sie andere so erleben, dass sie von ihnen kritisiert, kontrolliert oder eingeengt werden. Bei normalen Personen lösen Verlassenheit und Bedrohungen des Selbst zwar ebenfalls Angst aus, aber gleichzeitig wird dadurch das innere Erleben trotzdem vorhandener, unzerstörbarer Beziehungserfahrungen (guter Selbst- und Objektrepräsentanzen) aktiviert, welche die negativen ausgleichen können.

Bei schwer narzisstischen Patienten dagegen dreht sich zentral vieles um ein grandioses, unabhängiges Selbst-System, bei dem negative Erfahrungen ins Außen projiziert, abgespalten oder verleugnet werden müssen. Lässt sich die Grandiosität nicht mehr aufrecht erhalten, treten massive Minderwertigkeitsideen an ihre Stelle, die selbst wieder übertriebene «negative Größenphantasien» darstellen[33] und schließlich zur Quelle für einen Suizid werden können. Zentrale Affekte sind dabei auch hier die Wut als Ausdruck der erhöhten Kränkbarkeit und vor allem der (zumeist auch unbewusst ausgeprägte) Neid auf andere.

Insgesamt lassen sich zwei theoretische Linien der psychodynamischen Narzissmusforschung der letzten Jahrzehnte seit den zentralen Schriften Freuds, Abrahams und Ferenczis zum Narzissmus konzeptionell identifizieren.[34] Die eine Linie kann auf die Verletzbarkeit des gestörten *«Selbstachtungs-Narzissmus»* zurückgeführt werden.[35] Neben diesem *«Selbstwert-Narzissmus»* beschreiben insbesondere Herbert Rosenfeld sowie Otto F. Kernberg einen «Objekt-Abwehr-Narzissmus» und eine grandiose Selbststruktur, die der Abwehr abhängiger Objektbeziehungen dienen.

Nach Kernberg[36] ist die narzisstische Persönlichkeit «charakterisiert durch eine abnorme extreme Idealisierung des Selbst, die so weit geht, dass ideale Anteile anderer inkorporiert werden. Mit Hilfe dieser Selbstidealisierung kann jede Abhängigkeit von anderen vermieden werden. Gleichzeitig schützt diese abnorme Selbstidealisierung den Patienten vor einer Wahrnehmung der verfolgenden Anteile seines Erlebens, vor Frustration und Aggression. Klinisch fallen diese Personen durch ein übertriebenes Maß an Grandiosität und Selbstzentriertheit auf, das nur gelegentlich von plötzlichen heftigen Minderwertigkeitsgefühlen durchbrochen wird, wenn das pathologische grandiose Selbst bedroht wird ... das sich in Exhibitionismus, Anspruchsdenken, Rücksichtslosigkeit, der Inkorporation idealisierter Anteile anderer, der chronischen Neigung zur Entwertung anderer, ausbeuterischem und parasitärem Verhalten sowie in dem chronischen Bedürfnis danach, von anderen bewundert zu werden und im Zentrum des Interesses aller zu sein, [zeigt].»

Das Bedürfnis nach Anerkennung und externer Bewunderung – oder der Kompensation von narzisstischen Wunden – ist in vielen Fällen eine Triebfeder des Erfolgs. Bekannt ist aber auch, dass dennoch viele erfolgreiche Manager in sich Selbstkommentare wie «Andere sind besser», «Du bist ein Hochstapler und alles wird auffliegen», «es reicht noch nicht» etc. vernehmen.

d) Scham, Schuld und Perfektionismus

Besonders Scham,[37] peinliche Verlegenheit, Stolz und Schuldgefühle[38] auf der einen sowie Perfektionismus auf der anderen Seite werden häufig mit Narzissmus in Verbindung gebracht und spielen in der Selbstregulation der Narzissten eine Rolle. Scham und Schuld sind nicht ganz einfach voneinander zu differenzieren.[39] Die Schamproblematik[40] wird häufig in Zusammenhang mit dem psychoanalytischen Konzept des hohen «Ich-Ideals»[41] gesehen. Das Ich-Ideal kann als eine Anzahl von ethischen und moralischen depersonifizierten Idealvorstellungen aufgefasst werden, die eine Substruktur des so genannten Über-Ichs bilden. Es kann als eine Art innere Instanz aufgefasst werden, die ein Vorbild (Internalisierung bewunderter Eltern-Vorbilder) darstellt und dem sich das Subjekt anzugleichen versucht. Das Selbstgefühl konstituiert sich aus psychoanalytischer Sicht aus verschiedenen Quellen, so der Erfüllung dieses Ich-Ideals, aber auch Resten von kindlichem, grandiosen Narzissmus und Befriedigung der Objektlibido.

Was das Subjekt als sein Ideal von sich selbst vor sich hin projiziert, kann als Ersatz für den verlorenen ungebrochenen Narzissmus der Kindheit verstanden werden. Dieses hohe Ich-Ideal stellt natürlich auch eine Triebfeder dar, hohe und höchste Leistungen zu erzielen.

Das Ich-Ideal ist nach Freud auch hilfreich, um massenpsychologische Prozesse zu verstehen.[42] Der Zusammenhalt einer Gruppe wird damit erklärbar, indem alle Gruppenmitglieder dasselbe Objekt (Führer oder Ziel) an die Stelle ihres Ich-Ideals setzen.

e) Ursachen des Narzissmus

Neben psychodynamischen Theorien zur Ursache des Narzissmus (mangelnde Anerkennung in der Kindheit, dadurch Persistieren von hoher «narzisstischer Bedürftigkeit»; bzw. übersteigerte Besetzung des eigenen, autonomen Selbst, um Gefühle von Abhängigkeit und damit die Gefahr von Verlassenheit und Verletzung zu vermeiden) existieren weitere Theorien. So stellt die Bindungsforschung einen Zusammenhang her zwischen Narzissmus und unsicher gebundenem, vermeidendem Bindungsstil.[43] Dazu passt auch, dass die Liebesbeziehungen von größerer Unverbindlichkeit geprägt sind.[44]

In einer sehr interessanten Arbeit stellt Raubolt[45] eine Verbindung her zwischen der Fähigkeit zu charismatischer Führung und traumatischen Erfahrungen. Er verwendet dabei den Begriff der «Sprachverwirrung» (confusion of tongues[46]), den der Psychoanalytiker Sándor Ferenczi (1933) für die Folgen sexuellen Missbrauchs verwendet hat.

Dies passt gut zu der Hypothese, dass bedeutsame narzisstische Entwicklungen einerseits zu Hochleistung, Führung, Charisma etc. prädisponieren, andererseits selbst oft auch Ausdruck eines Mangels an Selbstwert, positiver (sicherer) Bindungserfahrungen und genügender narzisstischer «Spiegelung» sind.[47]

McCullough und Mitarbeiter[48] haben darauf hingewiesen, dass Narzissten sich selbst oft als «Opfer» betrachten. Das bestätigt den Zusammenhang zwischen Traumatisierung und Führungscharisma. Raubolt vertieft hier eine Ansicht, die bereits zuvor von dem Begründer der Selbstpsychologie Heinz Kohut[49] formuliert worden war. So schreibt er über charismatische Persönlichkeiten: «Diese Menschen erlitten früh schwere narzisstische Schäden, hauptsächlich durch die Unzuverlässigkeit und Unberechenbarkeit der einfühlenden Erwiderungen entweder von Seiten des spiegelnden oder des idealisierten Selbstobjekts.»[50] Der narzisstische Führer bekommt, so die selbstpsychologische Theorie, durch seine Anhänger oder Gefolgsleute den «Glanz in den Augen der Mutter», um einen Begriff von Kohut zu nehmen, den er in der Vergangenheit so vermisst hat. Seine Stellung und die Bewunderung, die er erhält, dienen somit seiner Stabilisierung. Auch die Gefolgsleute können sich durch Identifizierung selbst als mächtiger oder bedeutungsvoller erleben, so dass es zu einer Art narzisstischen Gleichgewichts kommen kann.

Nach dieser Theorie spielen – anders als bei Kernberg – destruktive Aspekte (höchstens indirekt durch Enttäuschung, die zu Wut führt) keine größere Rolle, da es vor allem darum geht, Aufmerksamkeit und Bewunderung zu bekommen. Nach der objektpsychologischen Narzissmus-Theorie von Kernberg dagegen würde es dem pathologischen Führer unter Umständen auch darum gehen, den anderen zu erniedrigen, Macht auszuüben, sich unabhängig zu machen etc. Eine wesentlich positivere Sichtweise auf den Narzissmus zeigt auch Herbert Marcuse (1968). Marcuse sieht im Narzissmus ein Potential, dass der Mensch sich von einer rein aufs Genitale fixierten Sexualität emanzipieren könnte, «eine positive Gegenfigur zum triebunterdrückenden Prometheus der Leistungsgesellschaft».[51]

f) Narzissmus und Beziehung: Der Teufelskreis der Macht

Aus psychodynamischer Sicht[52] ist der Mensch fundamental als ein Wesen konstituiert, das im Grunde angewiesen (und damit auch abhängig) ist von der Beachtung und Wertschätzung durch andere. Dies ermöglicht auch eine Verbindung zu anderen und die Erkenntnis, dass das Vorhandensein von anderen und sogar die Erfahrung, auf sie angewiesen zu sein, von großer Bedeutung ist. Auffallend ist hier auch die Nähe zur Philosophie E. Levinas' (1995), für den die Begegnung oder Beziehung mit dem anderen fundamental für unser Welt- und Selbstverhältnis ist und die Asymmetrie zwischen uns und dem anderen uns erst zu einem Ich macht. Letztlich geht diese Erkenntnis auf den Philosophen G. W. F. Hegel (1770–1831) zurück, der Anerkennung durch andere als logische Bedingung einer bewussten Beziehung des Ich zu sich selbst setzt.

Kommt es zu einer «narzisstischen Entwicklung», versucht der betroffene Mensch das Angewiesensein von anderen (nicht nur äußerlich gemeint, sondern auch zur normalen inneren narzisstischen Regulation) zu vermeiden. Eine solche Entwicklung setzt insbesondere dann ein, wenn jemand die Erfahrung macht, dass er

- in der Vergangenheit nicht wirklich selbst als Person gemeint war, sondern «narzisstisch» als so genanntes «Selbstobjekt», das dem Ruhm der Eltern dienen sollte, missbraucht wurde,
- permanent entwertet oder gar geschlagen worden ist,
- von wichtigen Bezugspersonen verlassen wurde (Trennungen, Todesfälle in der Kindheit) etc.

Hier wird auch eine Balance sichtbar. Ein gewisses Maß an (Objekt-)Unabhängigkeit (früher hätte man wohl auch von «Schizoidie» gesprochen), wie man sie im Narzissmus findet, ist sogar hilfreich für die (innere) Möglichkeit, Führungsaufgaben zu übernehmen, was ja auch immer mit einer Art von Einsamkeit verbunden ist. Eine sehr starke Bezogenheit auf andere würde es erschweren, Management-Aufgaben zu erfüllen wie unangenehme Entscheidungen treffen und über Menschen (bzw. ihren Einsatz) verfügen. Kernberg[53] weist auf den Regressionsdruck hin, der auf den Führer durch Einsamkeit, die «Frustration seiner Abhängigkeitsbedürfnisse», entsteht. Der Leiter trägt Verantwortung für die gesamte Institution, also auch für Prozesse, die außerhalb seiner Kontrolle ablaufen. Die Untergebenen können eine vergleichsweise sorglose Haltung einnehmen und erhalten eher Unterstützung oder Lob bei Erfolgen. Die Leistung des Führers dagegen wird als selbstverständlich angesehen. Sobald etwas schiefläuft, wird die Führungskraft dafür verantwortlich gemacht. Allerdings können diverse (normale narzisstische) Gratifikationen (höheres Gehalt, Erfolge innerhalb der Hierarchie, die Möglichkeit, kreativ Ideen umzusetzen) idealerweise einen Ersatz für dieses Problem darstellen.

Eine zu große Unabhängigkeit dagegen, wie man sie beim pathologischen Narzissmus findet, führt zu Rücksichtslosigkeit oder dem (fast paranoid anmutenden) Grundgefühl, nur von unfähigen Menschen oder Feinden umgeben zu sein. «Die Ausübung von Macht und der pathologische Narzissmus stellen Strategien dar, um dieser Abhängigkeit zu entgehen. […] Wer Macht hat, kann sich Liebe und Anerkennung erzwingen und erkaufen. Er verschleiert damit seine fundamentale Abhängigkeit, ohne sie jedoch wirklich aufheben zu können. […] Das daraus folgende Fehlen von Anerkennung führt beim Mächtigen jedoch zu einer narzisstischen Mangelerfahrung und zu narzisstischer Wut, die er mit einer weiteren Steigerung seiner Macht beantwortet. Aus dieser Dynamik leitet sich der suchtartige Charakter von Machtprozessen ab ...»[54]. Wir haben es hier also mit einem Teufelskreis zu tun, in dem *Macht aus Mangel Macht generiert.*

Die Ursachen der narzisstischen Problematik wirken sich dann auch auf die Schwierigkeiten aus, Hilfe anzunehmen oder durch Therapie Veränderungen zu erzielen. Häufig ist es so, dass die Personen in der Kindheit und Jugend unter neurotischen Manifestationen (beispielsweise Essstörungen etc.) leiden, die mit den Jahren zunehmend durch eine stabilisierende, aber schwerer zu behandelnde Charakterneurose (Persönlichkeitsstörung) ersetzt, um die Symptome soziofunktional unterbringen. Ein bekannter psychoanalytischer Fallbericht über das Scheitern einer solchen Behandlung mit einem (beziehungslosen, aber äußerlich erfolgreichen) Narzissten stammt von Hermann Arglander «Der Flieger»[55].

Cremerius kommentiert diese Art von Patienten und die quasi Unmöglichkeit einer wirklichen auf strukturelle Veränderung abzielende Behandlung, weil die Therapie oder das Coaching letztlich dazu dienen sollen, noch (wirtschaftlicher statt emotional) erfolgreicher zu werden und eine Infragestellung des bisherigen Modus auch als eine Bedrohung des bisherigen Erfolgs angesehen würde, wie folgt: «Die Analyse dieses Mannes zeigt eine narzisstische Charakterstruktur, mit deren Hilfe es ihm gelungen ist, von menschlichen Beziehungen unabhängig zu sein. Anstatt Liebe verschafft er sich Bewunderung und Erfolg bei anderen Menschen. Mit dieser Über-Ich-Konstruktion ist er in der Lage, Menschen zu manipulieren. Sie ist eine der entscheidenden Bedingungen seines Erfolges.[56] [...] Der Analytiker bedroht den Patienten de facto, nicht nur seine neurotischen Phantasien. Würde der Patient nämlich menschliche Nähe und Wärme zulassen, würden die Voraussetzungen und Bindungen seines sozioökonomischen Erfolgs bedroht werden. Denn dieser Erfolg beruht gerade auf der Unabhängigkeit von Liebe und Objektbeziehung. Das ist die Grundlage dafür, dass er ohne Angst und Schuldgefühle Menschen in seiner Weise missbrauchen kann.[57] [...] Ihm kann die Analyse keine unmittelbaren Vorteile versprechen – für ihn ist sie zunächst einmal mit Verlusten verbunden, und zwar mit realen Verlusten an Geld, Besitz, Macht. Was sie ihm in Zukunft in Aussicht stellt, nämlich eine Mehr an menschlichen Kontakten, Liebesfähigkeit und Vertrauen, kann deshalb nicht als verlockend erlebt werden.»[58]

g) Destruktiver und maligner Narzissmus

Eine besondere Situation bei der Behandlung narzisstischer Patienten stellt nach Ansicht einiger Kliniker und Theoretiker das wichtige Phänomen des so genannten «destruktiven» oder «malignen» Narzissmus dar. Gemeint ist dabei die Kombination aus narzisstischer Persönlichkeitsstörung, antisozialem Verhalten, ich-syntonem Sadismus oder Aggressivität sowie paranoiden Befürchtungen.

Nach Kernberg (1984) äußert sich die tiefgehende Abwehr vor jeder Form abhängiger Beziehung etwa in Therapien darin, dass der Patient sich jeden Fortschritt, den er macht, sofort aneignet und behauptet, dass er den Inhalt der Deutungen schon bereits wusste und dass sie deshalb schon immer in seinem Besitz waren. Patienten mit malignem Narzissmus begehen nicht nur häufig Selbstmord, oftmals als Akt eines letzten Triumphs, sondern benutzen diesen Akt dann auch häufig wie eine «Waffe», etwa um sich zu rächen. Die

Basis für diese Tendenz, sich alles sofort anzueignen, ist nach Kernberg[59] der bewusste oder unbewusste Neid des Narzissten, der nicht erträgt, dass auch andere erfolgreich oder kreativ sind.

Ein eindrückliches Beispiel, wie sich der Vorsitzende eines Unternehmens letztlich in einer Spiegelhalle wiederfindet, gibt Kets de Vries:

«Ich erinnere mich an ein Treffen in Südeuropa. Dreißig Kaderleute waren für eine Präsentation über die Zukunft der Organisation versammelt. Der Vorsitzende war ein sehr reicher Mann, der prahlte, er würde zehn Leben brauchen, um all sein Geld auszugeben. Sein Büro war gefüllt mit großen Statuen und Bildern von sich. Er kam zwanzig Minuten zu spät zur Sitzung und trat auf seinem Mobiltelefon telefonierend in den Sitzungsraum. Niemand zeigte darüber Unmut. Als schließlich die Präsentation anfing, läutete das Telefon des Firmenchefs. Er nahm den Anruf entgegen und telefonierte fünfzehn Minuten lang, während alle dasaßen und warteten. Plötzlich stand der Firmenchef auf und verkündete, er müsse gehen. Dies war die wichtigste Sitzung des Jahres, und er lief einfach davon. Doch niemand, keine einzige Person, protestierte. Alle sagten ihm, was er hören wollte.»[60]

Zur Erklärung für diese Dynamik kann ebenfalls aus psychodynamischer Perspektive die *Übertragung und Gegenübertragung* verwendet werden sowie die so genannte *Projektive Identifikation*. Es handelt sich hierbei um einen Abwehrmechanismus, der besonders in gesellschaftlichen Dynamiken wie Kriegseuphorien, «blinder Gehorsam» oder Kriegsgreuel durch zuvor unauffällige Personen wirksam ist, bei dem Teile des Selbst abgespalten und in eine andere Person projiziert werden, die dann unbewusst so empfunden wird, als sei sie zu einem Teil des Selbst geworden. Die projektive Identifikation ist ein individuell ausgebildeter, im Kollektiv besonders wirksamer Abwehrmechanismus, der unbewusste Anpassung und die «bewusstlose» Verinnerlichung vermittelter Ideologien («Manipulation» der Meinung durch Medien, durch Propaganda etc.) befördert und sie einer bewussten Kritik entzieht.[61]

In diesem Zusammenhang ist es auch interessant, dass die oft absurd (und zum Teil unanständig) hohen Löhne von einzelnen Vorstandsvorsitzenden, die über 10 Millionen Euro Jahresgehalt betragen können, von diesen (wohl allen Ernstes) mit der ihnen übertragenen enormen Verantwortung gerechtfertigt werden, und häufig die Angestellten des Unternehmens selbst, die nur ein Bruchteil davon verdienen, am wenigsten dagegen opponieren.

«Der *Fall Schneider* zeigt die Ausblendung von Risikogefühl bei einem ‹Entrepreneur›, und darüber hinaus, wie andere Personen in die grandiose Welt eines Einzelnen einbezogen werden können: Das imponierende Auftreten, die Inszenierung des ‹grandiosen Selbst›[62] durch Schneider, konnte nicht nur ihn selbst und seine nächste Umgebung über die Brüchigkeit seiner Existenz und den hochstaplerischen Charakter seiner Geschäftsvorhaben hinwegtäuschen. Es wurden auch wichtige Manager der Deutschen Bank und anderer Bankenhäuser in diese grandiose Inszenierung einbezogen: Sie hatten Teil an einem gemeinsamen Hochgefühl, das zu einer Verleugnung des Risikos und zum Mechanismus des *Wegschauens*[63] führte. Damit wurden wichtige Alarmsignale übergangen, die bei kritischem Betrachten wahrnehmbar gewesen wären. Grundlegende Parameter, wie z. B. die Frage, ob die angegebene Quadratmeterzahl der Schneider-Projekte überhaupt der Realität entsprach, wurden nicht mehr überprüft. Neben der kriminellen Geschicklichkeit von Schneider und seinen Verbündeten war es unbewusst für die anderen Beteiligten wohl das Gefühl, an dieser grandiosen Welt teilhaben zu können, Teil einer ständigen Expansion zu sein, das schließlich zum Mechanismus «Augen zu und durch» führte, als die Signale des Zusammenbruchs eigentlich nicht mehr zu übersehen waren. Dazu kommt die Verlagerung von Verantwortung nach oben in der Verantwortungshierarchie, wo die Risiken aber nicht mehr so unmittelbar und konkret empfunden werden wie auf der unteren, direkt mit Einschätzung und Entscheidung befassten Ebene. Es kommt also zu einer «emotionalen Verdünnung», die ein Ausweichen vor einer realistischen Wahrnehmung und Bewertung des Risikos erleichtert».[64]

h) Narzisstischer Zusammenbruch und Selbstmord

Narzisstische Krisen, die zum Selbstmord führen können, werden durch typische Auslöser hervorgerufen:

1. Trennungen (wenn der Patient verlassen wird, aber manchmal auch, wenn er selbst die Trennung herbeigeführt hat)
2. Kränkungen
3. Prüfungen
4. Eine Folge von Misserfolgen
5. Tod der Eltern (besonders der Mutter, etwa wenn die Kinder lebenslang verbundene Identifikationsobjekte zur Erfüllung eigener ungelebter Wünsche blieben mit entsprechenden ambivalenten Gefühlen[65])
6. Erfolge (!) (erinnert sei nur an Otto Weininger[66] und andere Autoren, die sich direkt nach Erscheinen ihres Hauptwerks suizidierten)
7. Schulden
8. Zunehmende Sucht
9. Ein Lügennetz, in das sich jemand zunehmend verstrickt hat (Hochstapler)
10. Jahrestage
11. Alter, Krankheit, körperliche Verletzung

Die erhöhte Auffälligkeit narzisstischer Patienten für Suizidversuche kann, skizzenhaft dargestellt, wie folgt verstanden werden.[67]

Es findet sich beim Narzissmus eine ausgelebte oder phantasierte grandiose Vorstellung, alles Gute in sich zu tragen, nichts zu benötigen, was wiederum dem Schutz gegenüber Gefühlen der Nichtigkeit, der Abhängigkeit und des Neides dient. Die Abwehr von Gefühlen der Nichtigkeit und der Leere ist dabei als zentral anzusehen. Die Nichtigkeitsgefühle, die bei Trennungen und Misserfolgen verstärkt auftreten, stellen dann eine Bedrohung des Selbstgefüges dar.

Häufig haben die Patienten auch ein so genanntes «falsches Selbst»[68] entwickelt, oder eine «Als-ob-Persönlichkeit»,[69] deren prothetische Funktion sich jedoch zumeist nicht als wirklich tragfähig erweist. Die Patienten empfinden sich daher oft als «Fälschungen»,[70] «unecht» oder als «Hochstapler», was in Krisen die Haltlosigkeit weiter verstärkt. Das Bedürfnis, im Mittelpunkt zu stehen, beachtet zu werden, ist stark ausgeprägt.

Der Unterschied zwischen einer narzisstischen Persönlichkeit und anderen selbstmordgefährdeten Persönlichkeiten lässt sich ein wenig hypothetisch, aber anschaulich an einem Beispiel aus der jüngsten Zeitgeschichte demonstrieren:

Nachdem sich ein Politiker wegen einer politischen Intrige nicht nur in einen Meineid verstrickt hatte – er hatte mit allen, auch illegalen Mitteln versucht, den kommenden Wahlkampf so zu beeinflussen, dass er auf keinen Fall die Macht verlieren müsste –, der ihn zum Rücktritt zwang, sah er für sich nur noch den Selbstmord, den er aber als Mord zu tarnen versuchte (auch hier keine wirkliche Verantwortung übernehmend). Zuvor hatte er sich jedoch, projizierend und zunehmend paranoid, selbst als Opfer einer Kampagne dargestellt und wohl auch gefühlt. Die Tatsache, doppelt promoviert zu sein, jüngster Ministerpräsident eines Landes überhaupt gewesen zu sein, mit einer Frau aus dem Hochadel eine glückliche Familie gegründet zu haben, all dies gab ihm keinen Rückhalt. Bereits lange vor dem Suizid hatte er eine Abhängigkeit von einem anxiolytischen Benzodiazepin entwickelt. Andere Politiker konnten sich dagegen, nach objektiv weit schwerwiegenderen Verfehlungen (Bestechlichkeit und Ähnliches), für einige Zeit einfach zurückziehen, um dann erneut ein Comeback zu feiern, sich im Nest ihrer Familie stärken oder etwa einfach den Tätigkeitsbereich wechseln und in die Wirtschaft gehen. In diesem Falle jedoch, so unsere Hypothese, hatten die beschämende «Entlarvung» und der nicht mehr abwendbare Einbruch der Realität in ein narzisstisches Universum dazu geführt, dass zum einen nichts mehr blieb außer dem Tod, als «Regression in einen harmonischen Primärzustand», wo man sich von allem und vor allen sicher fühlen kann und zum anderen sich in diesem als Mord getarnten Selbstmord eine nicht unerhebliche narzisstische Wut und massive Aggression gegen die politischen Gegner und vielleicht auch gegen die eigene Familie entladen konnte.[71]

Patienten mit schweren Suizidversuchen (in vielen Fällen narzisstisch) unterschieden sich in einer empirischen Untersuchung von anderen Personen, die eher leichtere Suizidversuche unternahmen – etwa um manipulativ Aufmerksamkeit zu bekommen oder andere Personen kontrollieren zu können – bezüglich ihrer Ich-Funktionen durch folgende Faktoren:[72]

1. eine Unfähigkeit, infantile Wünsche danach, versorgt zu werden, aufzu-
    geben; in Verbindung mit einem Abhängigkeitskonflikt,
2. eine nüchterne, aber ambivalente Einstellung dem Tod gegenüber,
3. extrem hohe Selbsterwartungen,
4. starke Kontrolle über Affekte, insbesondere Aggression.

Es gibt auch Formen des Narzissmus, bei denen eine fast dauernde («charak-
terologische», d.h. ich-syntone) Depression und auch Selbstmordgefährdung
vorliegt, die sich von den phasenweise auftretenden depressiven und suizidalen
Krisen bei anderen Patienten unterscheidet.[73]

i) Kritik des Narzissmus-Konzepts

Zepf (2000) hat zu Recht darauf hingewiesen, dass es bereits vor 15 Jahren
mindestens 11 zum Teil inkompatible Narzissmus-Konzepte gab, und dass die
Einschätzung, dass es sich beim Narzissmus um eine der wichtigsten Erkenntnisse der Psychoanalyse handelt, wie in den frühen 70er Jahren festgestellt und
gehofft wurde, seit den 80er Jahren relativiert wurde; von einigen Autoren wird
die Erklärungskraft des Konzepts insgesamt als eher gering empfunden. Wir
denken jedoch, dass die z.T. berechtigte und früh einsetzende[74] Kritik am Narzissmus-Konzept auf seinen naiven Totalitätsanspruch, seinen heuristischen
Reduktionismus und den Verlust der Konflikttheorie zurückzuführen war, dass
aber moderne Konzeptionen, die die wesentlichen theoretischen Entwicklungen[75] zu verbinden suchen, nach wie vor durchaus heuristisch wertvoll sein
können.[76]

4. Narzisstische Manager

4. Narzisstische Manager

a) Management und Persönlichkeit

Es soll an dieser Stelle nicht näher auf die umfassende Literatur zu dem allgemeinen Zusammenhang von Führungseigenschaften und Persönlichkeit eingegangen werden, für uns ist folgendes wesentlich:

Als gesichert kann gelten, dass die Persönlichkeitseigenschaften als solche nur einen Aspekt aus dem komplexen Konstrukt «erfolgreiches Führungsverhalten» erklären. Daneben sind interaktionelle/interpersonelle Aspekte, organisationspsychologische, soziologische, betriebswirtschaftliche, gruppendynamische Aspekte zu beachten, so dass man von einem Amalgam aus verschiedenen Bestandteilen sprechen könnte. Hinzukommt, dass es den rundum erfolgreichen Manager gar nicht gibt. Beispielsweise macht es einen Unterschied, ob es sich um eine militärische Einheit oder ein psychosoziales Team handelt, das geführt wird. Es macht einen Unterschied, ob die Organisation sich in einer Krise befindet oder erfolgreich ist.

Ob überhaupt bestimmte Persönlichkeitseigenschaften erfolgreiches Führungsverhalten gewährleisten, ist in der Literatur umstritten. Wenn, dann wird vor allem vertreten, dass exemplarische Führungsgestalten sich durch Dominanz und Zielorientiertheit charakterisieren lassen,[1] dass sie ambitioniert oder ehrgeizig sein müssen und sie (dennoch) die Fähigkeit haben, in ihren Untergegeben Vertrauen und Respekt auszulösen.[2] Auch Männlichkeit, Konservatismus, Extraversion und Initiative werden in diesem Zusammenhang genannt.[3]

Sozialpsychologisch muss darüber hinaus immer auch argumentiert werden, dass die tatsächlichen (Persönlichkeits-)Eigenschaften einer Führungskraft und deren Wahrnehmung durch die Mitarbeiter nicht ohne weiteres übereinstimmen müssen.

b) Charismatische und narzisstische Manager

House und Shamir haben in den letzten Jahren den neo-charismatischen Führungstheorien wissenschaftlich neues Gewicht gegeben. In ihrer stark psychologisch fundierten Theorie dient der charismatische Führer nicht zuletzt auch
dem Bedürfnis nach Selbstverwirklichung der Geführten. Kraft ihrer Visionen,
ihres Selbstbewusstseins, ihrer sozialen Sensitivität und ihres Charismas können solche Führungskräfte ihre Mitarbeiter enorm motivieren.

Folgende vier Personenmerkmale werden zur Charakterisierung neo-cha-
rismatischer Führungskräfte immer wieder angebracht:[4]
1. hohe Selbstsicherheit,
2. ein hohes Dominanzstreben,
3. eine starke Überzeugung von den eigenen Ideen und ihrer moralischen
   Richtigkeit,
4. sowie ein grosses Bedürfnis, andere davon zu überzeugen.[5]

House und Shamir[6] charakterisieren in ihrem neo-charismatischen Führungsmodell charismatische Führer, die ihre Unternehmen zu außergewöhnlichen
Leistungen und Veränderungen führen können, mit außergewöhnlichem Vertrauen und Loyalität bei den Mitarbeitenden wie folgt:[7]

Charismatische Führer ...
- haben eine Vision einer besseren Zukunft,
- sind ihrer Vision ergeben,
- verfügen über Selbstvertrauen, Entschlossenheit und Ausdauer,
- wecken wichtige Motive bei den Geführten,
- haben eine außergewöhnliche Bereitschaft zum Risiko, scheuen keine
  persönlichen Wagnisse,
- haben hohe Erwartungen an die Geführten und zugleich hohes Vertrauen in die Geführten,
- bewerten die Geführten grundsätzlich positiv,
- bemühen sich um die Entwicklung der Geführten,
- zeigen symbolische Verhaltensweisen,
- verstehen sich in der Selbstdarstellung und in der Schaffung eines positiven Images,
- leben ihre Vision vor,
- zeichnen sich durch moralische Integrität aus,

- fungieren als Sprachrohr der Gemeinschaft,
- zeigen oft ein außergewöhnliches Verhalten und
- sind anregende Kommunikatoren, die Botschaften einfallsreich und emotional ansprechend transportieren.

Charismatische Führung kann sehr wohl wertebasiert sein.[8] Die wesentlichen positiven Attribute, die diese Art der Führung aufwies, waren: *visionär, inspirierend, selbstaufopfernd, integer, entschlossen* und *leistungsorientiert*.

Wenn wir uns im Folgenden vermehrt narzisstischen oder egomanen Phänomenen nähern, dann kann insbesondere die Frage nach Wertorientierung und Integrität in den Hintergrund treten.

«Man braucht diese Selbstidealisierung, um bei allem Druck und allen Misserfolgen morgens in den Spiegel zu schauen und sich selbst zu sagen: Nur du kannst das Unternehmen voranbringen», sagt Ernst-Moritz Lipp, früher Vorstand der Dresdner Bank ... Jeder Chef ist immer auch ein wenig paranoid. «Als Chef musst du das Gras wachsen hören»,... sagt ein Banker. «Wo wird an meinem Stuhl gesägt? Wo erwächst mir Konkurrenz? Das ist hart antrainiert, weil man während des Aufstiegs so viele hat strauchen sehen.»[9] Eberwein und Tholen (1990) konstatierten in ihrer Management-Befragung, dass das Einzelkämpfertum und die «interne Konkurrenz, die zur Monopolisierung von Informationen und Wissen führt», in Unternehmen der wesentliche Störfaktor sind. Die Teamarbeit scheint mit zunehmender Hierarchiestufe abzunehmen, obwohl sie gerade vom Topmanagement immer wieder gefordert wird!

Ein anderes Phänomen ist, dass manche Manager bewusst nur schwache Personen in ihre Geschäftsleitung aufnehmen, damit sie umso unbeschränkter herrschen können. «Jahrzehntelang gelang es zum Beispiel dem eitlen Krupp-Verweser Berthold Beitz, die Konzernspitze mit schwachen Figuren zu besetzen, dass er auch nach seinem Ausscheiden aus dem Lenkungsgremium praktisch unumschränkt regieren konnte.»[10]

Nicht vernachlässigt bei der Analyse der Persönlichkeit von Topmanagern und anderen Führenden sollte werden, dass der Erfolg, das heißt die Stärke, aus einer inneren Schwäche, die einst vorlag oder immer noch kaschiert vorliegt, entwickelt wurde.

Obwohl schwerer narzisstische Personen als Manager meist dauerhaft wenig erfolgreich sind, sind es genau diese Persönlichkeitseigenschaften (Fähigkeiten, zu täuschen oder andere einzuschüchtern), die auf die Gefolgsleute – wegen der darin scheinbar ausgedrückten Dominanz – zunächst positiv wirken können.[11] Rosenthal spricht gar von einem tautologischen (sich selbst bestätigenden) Prozess: «Die implizite Leadership-Theorie behauptet, dass wir diejenigen Leute als unsere Führer aussuchen, die am meisten leader-like erscheinen» (Hogan et al. 1994). «Diese Individuen sind intelligent und ehrlich, aber auch charismatisch, selbstbewusst und aggressiv. Unser Selektionsprozess kann mit anderen Worten tautologisch sein – wir machen aus Nicht-Führern Führer, nur weil sie wie Führer scheinen.»[12]

Dabei spielen wiederum – insbesondere in Krisenzeiten – projektive Faktoren eine große Rolle. Das heißt, die Besetzung der Chefposten korrespondiert mit dem Bedürfnis der Anhänger, die Ernannten zu bewundern für ihr «Ansehen, ihre Macht, Schönheit, Intelligenz oder moralische Größe.»[13]

Dies erschwert im Übrigen später auch die Möglichkeit, sich von einem narzisstischen Führer wieder zu trennen, weil es ja auch ein Eingeständnis der eigenen ursprünglichen Täuschung bedeuten würde, der man bei der Auswahl erlegen war («weil sie es nicht schafften, ihre eigenen übertriebenen Erwartungen zu erfüllen»).[14]

Ein besonderer Fall tritt dann ein, wenn es durch eine hochpathologische oder sogar psychopathische Persönlichkeit, die sich wütend und verletzt wiederfindet, zu einer Zerstörung des eigenen (Wirtschafts-)Imperiums kommt.[15]

Solche Dynamiken einschließlich der zunächst meist eingetroffenen Form von «Selbstvergötterung», (Gott(gleich)sein als höchstes narzisstisches Ziel, wurden mustergültig bereits von Historikern beschrieben: etwa 1894 von Ludwig Quidde «Caligula. Eine Studie über den Cäsarenwahnsinn» oder von Sebastian Haffner[16] bezogen auf Hitler, der in den letzten Kriegsmonaten anfing, sich gegen das ihn so «enttäuschende» Deutschland zu wenden, was Haffner als «Verrat» bezeichnet. Auch im Fall Hitlers ist das Modell des Ineinandergreifens persönlicher Psychopathologie und kollektiver Problematik («Schande von Versailles» etc.) hilfreich. Der Nationalsozialismus radikalisiert den Verliererstatus des deutschen Volkes und gewinnt so die Wahlen. Geschickt spielt Hitler mit den verletzten nationalen Gefühlen und macht die Juden zum Sündenbock. Es ist letztlich Hitlers «Größenwahn», der die Schmach von Versailles tilgt. Ganz analog hat in jüngster Zeit Enzensberger[17] unter dem Begriff «Radikale Verlierer» den Zusammenhang von (narzisstisch bedingten) Inferioritätsgefühlen und Erstarken des islamistischen Terrorismus dargestellt.[18]

Es wurde auch an anderen historischen Vorbildern mit Hilfe der – nicht unumstrittenen – psychohistorischen Methode versucht, narzisstische Züge festzustellen. So etwa bei der ägyptischen Königin Kleopatra,[19] die einen dramatischen Selbstmord inszenierte, als der Niedergang ihrer Macht begann.

Ende der 90er Jahre und Anfang der 2000er Jahre begannen die Phänomene von Eitelkeit, übersteigertem Ego in Zusammenhang mit Macht und
Managementalltag vermehrt beachtet zu werden.[20] Bereits in diesen Arbeiten
wurde auf die notwendige und «produktive» Seite der Eitelkeit als Triebfeder hingewiesen. Dieser Aspekt ist zudem für viele Betriebswirtschaftsstuden-
ten und zukünftige Wirtschaftsführer mit deren finanziellen Erfolg eines der
Motive für ihr Studium. Hingewiesen wurde aber auch auf die Schäden und
Kosten,[21] die entstehen können.

In einer amüsanten Typologie unterschied Holger Rust 2002 drei Typen:

1. Der fröhliche (oder konstruktive) Narzisst

Er ist großartig, und er weiß es. Mit seinem selbstverliebten Enthusiasmus
und dem steten Streben nach Außergewöhnlichem schafft er es, andere
Menschen zu motivieren und mitzureißen. Er besitzt Humor, Kreativität
und eine übergroße Portion Selbstvertrauen. Sein gesunder Ehrgeiz verleiht
ihm Energie und Beharrlichkeit. Anerkennung sucht er durch Spitzenleis-
tung. Aus seinem Selbstbewusstsein zieht er die Kraft, mit Problemen fertig
zu werden. Der konstruktive Narzisst nimmt seine Mitarbeiter ernst und
beurteilt sie nach Leistungskriterien, nicht nach Sympathie. Er sieht sich als
Mentor und Impulsgeber. Auf Kritik reagiert er zwar ungeduldig, er ist aber
bereit, aus Fehlern zu lernen. Bevor der Narzisst eine Entscheidung trifft,
sammelt er Informationen und berücksichtigt kritische Stimmen. Wenn
sein Entschluss einmal feststeht, lässt er sich kaum mehr umstimmen.

2. Der zaghafte Angsthase (der dem Typus des «verborgenen Narzissten» entspricht)

Er ist vor allem auf seinen Ruf bedacht. In Wahrheit besitzt er kein Selbstbewusstsein. Um ihn herum wabert eine Atmosphäre der Langeweile. Der
ängstliche und sich stets nach allen Seiten absichernde Narzisst räumt
der Politik immer den Vorrang vor der Moral ein. Einfühlungsvermögen
gehört gewiss nicht zu seinen Stärken. Er gibt sich diplomatisch, doch hinter der Fassade steckt Berechnung. Die Interessen anderer berücksichtigt
er nur, wenn sie ihm nützlich erscheinen. Auf Anwürfe reagiert er verletzt.
Unkritische Mitarbeiter sind ihm lieber als selbstbewusste Menschen. Ein
Grundzug des ängstlichen Narzissten ist sein konservatives Verhalten. Er
hat große Angst vor Misserfolgen. Bei Innovationen legt er äußerste Vor-
sicht an den Tag, er will kein Risiko eingehen. Endlose Beratungsprozesse,

mangelnde Entschlussfreudigkeit und halbherzige Entscheidungen runden das Bild ab.

3. Der berechnende Egomane

Er ist ein egozentrischer Wüterich, der anderen Angst einflößt. In seinem Weltbild gibt es eine Mitte, und das ist sein Bauchnabel. Der unangenehme Egomane zeichnet sich durch einen Hang zur Großartigkeit aus. Er pflegt im Auftreten und in seinen Statussymbolen einen fast peinlichen Exhibitionismus. Hauptmerkmale seiner Beziehung zu Mitarbeitern sind Mitleidlosigkeit, Kälte und Anspruchsdenken. Seine Reaktionen sind kaum kalkulierbar. Er verlangt für sich grundsätzlich eine Sonderbehandlung – beruflich wie privat. Anders Denkende mag der Egozentriker nicht, Toleranz übt er nur gegenüber Jasagern. Er gilt als rücksichtsloser Gesprächspartner, der vor allem über sich selbst redet. Auf Wünsche von Mitarbeitern reagiert er mit Unverständnis oder Ignoranz, Kritik provoziert schnell Wutausbrüche. Der berechnende Narzisst liebt riskante und spektakuläre Projekte. Entscheidungen trifft er allein oder im Kreis engster Vertrauter. Er hasst Opposition. Wenn etwas schief läuft, sucht er Sündenböcke.

c) Der Hybris-Nemesis-Komplex

Ronfeldt[22] erkennt eine enge Verbindung zwischen narzisstischer Selbstüberschätzung – *Hybris* – und dem Wunsch, sich an Gegnern zu rächen, denen ihrerseits vom Narzissten Hybris unterstellt wird – *Nemesis*.[23]

Ronfeldt nennt folgende Zeichen für Führer, die dem Hybris-Nemesis-Komplex entsprechen:

1. einen destruktiv-konstruktiven Messianismus,
2. hohe, moralisierende Ideale, die Gewalt rechtfertigen,
3. eine Forderung nach absoluter Macht, Loyalität und Aufmerksamkeit,
4. eine leidenschaftliche kämpferische Einstellung, die in Selbstaufopferung umschlagen kann.[24]

Auf die Tendenz von (politischen) Führern, sich in mythisch anmutenden Kategorien zu sehen, hat bereits 1971 Edelman hingewiesen, wenn er von Verhaltensweisen spricht, die «vorgeben, mit ‹Realitäten› umzugehen, die aber nur mythische Wahrnehmungen verstärken».[25]

Wie Glad[26] schreibt, könnte ein narzisstisches Individuum mit schweren Über-Ich-Defiziten «einige Vorteile haben, um an die Macht zu gelangen, und sein Verhalten könnte eine effektive Reaktion auf einige reale Faktoren darstellen».[27]

Dies etwa durch die visionären Fähigkeiten. Später kommt es jedoch zu schwerwiegenden Beeinträchtigungen insbesondere in der Realitätsprüfung: «Aber sobald er einst seine Position gefestigt hat, verringern sich seine Fähigkeiten, die Realität zu testen. Fantasien, die bei beschränkter Macht kontrolliert werden, leiten nun sein Handeln. Folglich wird sein Verhalten erratischer, er bekommt Schwierigkeiten, seine Ziele zu erreichen, und seine paranoiden Verteidigungen erscheinen desto übertriebener»[28].

Diese Analyse, die sich auf historische Tyrannen bezieht, könnte sehr wohl auf Manager ausgedehnt werden.

In seinem Essay von 1921: «*Massenpsychologie und Ich-Analyse*», der sich stark auf die Vorarbeiten des französischen Soziologen Gustave Le Bon (1841–1931) bezieht, beschrieb Freud in Ansätzen sechs Phasen der Führerschaft in Beziehung zur Gruppe.

Horowitz und Arthur,[29] die sich auf diese Konzeption Freuds stützen, schreiben, dass am Ende von Phase 6 eines von drei Szenarien droht:

a) *Zerstörung*: Die Organisation fällt zusammen;

b) *Blutbad*: Der Führer setzt seine Untergebenen ab und fängt mit einem massiven Ressourcenaufwand nochmals von vorne an;

c) *Aufruhr*: Der Führer wird abgesetzt – vielleicht durch einen neuen Helden, der ihn herausfordert, ihn besiegt und damit selbst zum Führer wird.[30]

Das Wissen um solche Zusammenhänge könnte zukünftig dazu beitragen, solche Entwicklungen zu verhindern helfen: «In schlechten Szenarien besteht die letzte Phase aus institutionellen Zusammenbrüchen, Blutbädern oder Aufständen. Das Verständnis, individuelle und gruppenspezifische Dynamiken auf narzisstische Beschädigung zurückzuführen, kann helfen, solche Unglücksfälle zu verhindern.»[31]

Über einige amerikanische Wirtschaftsführer sind Biographien oder Analysen erschienen, die den Fokus bereits stärker auf die narzisstische Problematik gelegt haben:

- Kenneth L. Lay (1942–2006), US-amerikanischer Geschäftsmann, als ehemaliger CEO des Energiekonzerns Enron in einen riesigen Bilanzfälschungsskandal verwickelt (Kramer, 2003)
- Steven P. Jobs (geb. 1955), Gründer und Geschäftsführer von Apple Computer (Robins u. Paulhus, 2001)

- Michael D. Eisner (geb. 1942), US-amerikanischer Manager, leitete die Walt Disney Company von 1984 bis 2005 (Sankowsky, 1995)
- David L. Geffen (geb. 1943) Film- und Musical-Mogul (Kramer, 2003)
- John Chambers, President und CEO von Cisco Systems (Khurana, 2002a)

O'Neill u. Sankowsky[32] sowie Baum[33] weisen auf eine spezielle Form des narzisstischen Machtmissbrauchs hin, nämlich in Mentoren-Beziehungen, in denen der Mentor seinen Erfahrungsschatz und sein Fachwissen als Herrschaftswissen gegenüber seinem Schützling missbraucht.

d) Typologien narzisstischer Führer

Es würde den Rahmen dieser Arbeit sprengen, näher auf die verschiedenen Konzeptionen von Untergruppen des Narzissmus einzugehen. Bereits Wilhelm Reich[34] unterschied zwei Typen: «den phallischen Narzissten» und den, der unter Minderwertigkeitsgefühlen leidet.[35]

In den letzten Jahren wurde neben dem typischen – durch meist expansives und extravertiertes Verhalten gekennzeichneten – offenen Narzissmus noch eine weitere Form entdeckt, die als «verborgener» (hidden, closet) Narzissmus in der Literatur bezeichnet wird.[36] Diese Unterform zeichnet sich – auf den ersten Blick verborgen – im Gegensatz zum Größenwahn eher durch ein übertriebenes «Kleinheits-Selbst» aus: «Keiner hat so gelitten wie ich etc.» Diese versteckten Narzissten finden sich z.B. bei Frauen, die in langjährigen missbräuchlichen Beziehungen verbleiben, oder bei Personen, die freiwillig immer wieder in Teams die Rolle des Wasserträgers übernehmen.

Horowitz und Arthur[37] werfen die Theorie auf, dass der narzisstische Führer über unbegrenzte Macht phantasiert, die im Kontrast zu seiner realen Macht steht. Wenn ihre Macht auch nur in kleinster Weise gefährdet ist, stellt dies eine massive innere Bedrohung dar. *«Sogar das Zögern eines Unterstellten, eine Anweisung des Führers auszuführen, kann als eine Drohung missdeutet werden und dabei einen Zornesausbruch provozieren – eine narzisstische Wut.»*[38] Ein erfolgreicher Führer zu sein, verlangt mit anderen Worten auch die Fähigkeit, mit der Diskrepanz zwischen idealem innerem Selbstbild und tatsächlichem Selbst zurechtzukommen und gegebenenfalls die daraus resultierende Enttäuschung innerlich aushalten zu können, was wiederum ein nicht zu schlechtes Selbstwertgefühl voraussetzt.

Die Umgebung solcher Führer tendiert dazu, den Führer nicht zu verletzen oder sogar von jeglicher Kritik abzuschirmen. So ist u. a. auch bekannt, dass für den US-Präsidenten seine Zeitungslektüre «vorselektioniert» und etwa kritische Karikaturen von den Mitarbeitern entfernt werden.[39]

Diamond und Allcorn[40] beschreiben fünf negative Führerprofile:
1. den perfektionistischen Führer,
2. den arrogant-rachsüchtigen Führer,
3. den narzisstischen Führer,
4. den übertrieben bescheidenen Führer sowie
5. den resignierten Führer.

Im Personalwesen oder Management-Coaching verbreitet ist auch der (auf dem Konzept von C. G. Jung basierende) wissenschaftlich umstrittene Myers-Briggs-Typindikator, der in vier Dimensionen 16 Unterklassen von Typen benennt.

Eine Typologie charismatischer Führung hat Steyrer[41] vorgelegt, der folgende vier Ausprägungen unterscheidet:
1. Paternalistischer Charismatyp,
2. Heroisches Charisma,
3. Missionarisches Charisma,
4. Majestätisches Charisma.

Diese Typologie ist allerdings, wie man kritisieren könnte, stärker auf Männer ausgerichtet und deshalb wohl nicht universell.

e) Arbeitssucht

Arbeitssucht ist ein Kennzeichen der narzisstischen Persönlichkeit und kann sowohl positive wie negative Auswirkungen auf die Führung haben.[42] Dies wurde bereits 1919 von Ferenczi in seinem Beitrag «Sonntagsneurosen» beschrieben.[43] Die narzisstische Veranlagung kann Grund dafür sein, dass sich jemand ständig mit Arbeit überhäuft und nervös und unruhig wird, wenn er mal nichts zu tun hat. Hierzu gehört auch die Unfähigkeit, abends oder am Wochenende vom Job abzuschalten.

Tartakoff[44] beschreibt die äußerst ehrgeizigen und verbissenen Bemühungen um die Verwirklichung viel zu hoch angesetzter Ziele; allerdings entsteht bei Erreichung der Ziele auch keine richtige Befriedigung, allenfalls ein flüchtiges grandioses Hochgefühl.

Natürlich stellt die Bereitschaft, unglaublich viel zu arbeiten und alles andere der Karriere unterzuordnen (Familie, Freundeskreis, Hobbys), auch einen «Selektionsvorteil» innerhalb der Betriebe dar. Viele Mitarbeiter sind heute sogar weniger als früher bereit, ihre «Work-Life-Balance» dauerhaft zu Ungunsten von «Life» zu verschieben, nur für die Arbeit zu leben. Dieses Phänomen hat auch dazu geführt, dass es für die – als extrem arbeitsintensiv angesehenen und wohl auch tatsächlich so gestalteten – Unternehmensberatungen wie Boston Consult, Roland Berger oder McKinsey teilweise schwierig geworden ist (trotz hohem Einstiegsgehalt für Berufsanfänger), möglichst viele der Spitzenabsolventen zu rekrutieren. Inzwischen macht sogar das Schlagwort des «Einen Gang herunterschalten» *(downshifting)* die Runde, wo plötzlich freiwillig auf Karriere- und Gehaltsschritte zugunsten von mehr Freizeit verzichtet wird. Der Wunsch nach Teilzeitarbeit nimmt zu und auch immer mehr Führungskräfte überlegen sich Mitte oder Ende 50 etwa einen vorzeitigen Ausstieg, um etwa als Selbständige einen Gang herunterschalten zu können. Wenn immer mehr Menschen die Kosten-Nutzen-Bilanz im Sinne von Lebensqualität ziehen statt hinsichtlich der nächsten Karriereschritte oder monetärer Faktoren, entsteht für arbeitswütige Narzissten ein weiterer Vorteil, um in der Hierarchie nach oben zu gelangen. Gehen die Mitarbeiter nach einem langen Sitzungstag erschöpft nach Hause, so wird der Narzisst noch ein halbe Nachtschicht einlegen, um das Erarbeitete zu vertiefen und somit eine Form der Vorherrschaft, des Wissensvorsprungs und der Definitionshoheit zu erlangen.

f) Führer und Geführte

Leider wurde viel mehr über die Rolle des Führers geforscht als über die Rolle der Geführten.[45]

Auch der Geführte weist eine Reihe von verschiedenen, zum Teil sogar widersprüchlichen Bedürfnissen und Erwartungen auf, die mit frühen Beziehungserfahrungen des Menschen zu tun haben, unter anderem mit dem Bedürfnis, sich an jemanden «anzulehnen», der für einen Verantwortung übernimmt. So gesehen kann die Arbeitsbeziehung des Geführten zu seinem Chef wie folgt verstanden werden: «Eine komplexe emotionale Bindung, verstanden als ein dynamischer Prozess, der innere Bedürfnisse, Bereitschaften und Konflikte des Unterstellten widerspiegelt und ihnen entspricht ... Die Art und Weise, wie man mit Autoritäten umgeht, kristallisiert sich in den ersten Lebensjahren in der Beziehung zu den Eltern aus. Durch musterhafte Entwicklungen wählen und verändern Menschen während ihres Lebensweges Kontexte, die diese Muster aufrecht erhalten.»[46]

Auf die tief greifenden psychodynamische Verbindungen zwischen Führern und Geführten weist auch Brothers hin, die das aus der Selbstpsychologie und intersubjektivistischen Systemtheorie gewonnene Konzept der «intersubjektiven Regulation von Unsicherheit» («the intersubjective regulation of uncertainty») einführt und darauf hinweist, dass sich beide gegenseitig benötigen: «... *dass das Band zwischen vielen charismatischen Führern und deren Gefolgsleuten genau aus dem Grund so stark ist, weil sie einander unbedingt brauchen, um die Ungewissheit zu regulieren».*[47]

g) Die Spaltung zwischen Führern und Geführten

Grundsätzlich gilt es immer die «strukturelle Dichotomie» zwischen Management und Mitarbeitern zu beachten, in der «immer die Gefahr der Spaltung und der projektiven Identifikation liegt, bei der unerwünschte, nicht akzeptierte und verleugnete Aspekte des Selbst oft mit kristallener Pseudo-Klarheit im anderen gesehen werden, während man selbst frei, rechtschaffen, unverstanden und selbstgerecht dastehen kann».[48]

Es fällt in der Tat auf, wie selten im Berufsleben jemand von sich aus einräumt, einen Fehler gemacht oder sich geirrt zu haben. Dabei wären eigentlich ein offener Umgang mit Fehlern und die damit verbundene Bereitschaft zum Verstehen und zum Verzeihen (wie in Familien idealerweise vorhanden) auch im Management und in Arbeitsgruppen notwendig.

Lohmer[49] beschreibt eine Dynamik, in die der Berater, der «zwischen den Schusslinien» sitzt, hineingezogen wird:[50] Bei den Mitarbeitern kann man «statt Loyalität und einem hohen Maß an Identifikation mit der Organisation und ihren Aufgaben nun zunehmend eine teilweise realistische, teilweise aber auch paranoid-regressive ‹Wir gegen die›-Einstellung beobachten, die der Kampf-Flucht-Grundannahme von Bion entspricht». Die Abwehrfunktion dieser Haltung liegt u. a. darin, dass es so zu einer einfacheren, weil konkreten und passiv-verweigernden Auseinandersetzung mit dem «Feindbild Führung» kommt, ohne dass man sich wirklich initiativ mit den alle betreffenden übergreifenden Aufgaben beschäftigen muss. «Aber auch die Führung mobilisiert in dieser angespannten Krisensituation vielfach eine komplementäre psychosoziale Abwehr.

Diese drückt sich häufig darin aus, dass eigene passive, hoffnungslose, furchtsame, ängstliche und kritische Anteile abgespalten und in die Gruppe der Mitarbeiter projiziert werden. Dies erlaubt der Führung, sich selbst als aufgabenorientiert, hoffnungsvoll und vertrauensvoll gegenüber ihren Vorgesetzten oder den Trägergesellschaften und Firmeninhabern zu fühlen.»[51] Bei allen Beteiligten herrscht dann so auch ein narzisstisches Gefühl des «nicht-ausreichend» vor.[52]

Natürlich besteht eigentlich die Aufgabe der Führung darin,
- den gefährlichen Spalt, den diese Dichotomie bedeuten kann, zu schließen,
- die Position der Mitarbeiter auszuhalten (Containment-Funktion des Führenden) zu verstehen
- und diese partizipativ zu aktivieren,
- ohne dass diese sich bedrängt, weiter verschließen
- oder so getan wird, als gebe es den Rollenunterschied nicht,
- die eigene Rolle zu reflektieren,
- als «semipermeable Membran»[53] nach außen zu fungieren
- sowie Übertragungs- und Gegenübertragungsprozesse ansatzweise zu identifizieren,

was insgesamt relativ anspruchsvoll ist. Nicht zuletzt deshalb verwendet man im neuen Berater-Deutsch auch den Begriff «Orchestrierung» für die Fähigkeit, die verschiedensten Unternehmensbereiche miteinander abzustimmen.

Es besteht kaum Zweifel, dass Führungskräfte, die Führungsverantwortung übernehmen, dazu umso besser in der Lage sind, je weniger narzisstisch sie sind.

Die Gefahr ist groß, dass der zunächst gefeierte «Messias» beim Ausbleiben des Erfolgs rasch von seinem Sessel verjagt werden muss. Viele der in jüngster Zeit entlassenen Topmanager wurden zunächst mit höchstem Lob ausgezeichnet wie Kai-Uwe Ricke bei der Telekom, Bernd Pischetsrieder bei VW, Klaus Kleinfeld bei Siemens oder Wolfgang Bernhard bei VW. Der Druck auf neue Spitzenmanager in einem Unternehmen, das sich ja meist bei personeller Umorientierung auch noch in einer Krise befindet, ist enorm hoch. Rasche richtungweisende Entscheidungen, die sofort den Erfolg bringen, werden erwartet. Kommt hinzu, dass die Persönlichkeit des Gewählten zur Überschätzung und hektischem Agieren neigt, sind die Schwierigkeiten oft vorprogrammiert.

Khurana[54] hat in seiner brillanten Studie, die ebenfalls den Mythos von Leistung und Rationalität als Kriterien entzaubert, gezeigt, dass es gerade auch das Unternehmen selbst ist, das das Bedürfnis nach einem Helden hat, der von außen kommt[55] und mit seinem Charisma alles ändern wird.[56] Er verwendet dafür den Begriff der «Krönung Napoleons», die ja bekanntterweise eine Selbstkrönung war. Unternehmen und Kandidat gehen so eine – manchmal heilvolle, manchmal heillose – Kollusion ein.

Der charismatische CEO ist für die Firma somit auch ein Symbol nach außen. Es erscheint nicht ungefährlich, sich zu früh auf einen Kandidaten einzuschwören. Wie Khurana in seinen Arbeiten analysiert hat, geht es allzu oft gar nicht um eine wirkliche Auswahl bei Bewerbungen, sondern darum, eine vorgefasste Meinung bestätigt zu bekommen. Wobei sich offensichtlich «technokratischere» und «charismatischere» Wellen in der Führungs- und Rekrutierungsphilosophie abwechseln.

h) Negativer Einfluss von Beratern

«Der Mächtige dominiert und unterdrückt die Gruppen nicht nur, über die er Macht ausübt – er befindet sich auch in einer narzisstischen Abhängigkeit von den Untergebenen. Wenn er auf die narzisstische Zufuhr, auf die Liebe und Anerkennung durch die Beherrschten angewiesen ist, haben diese eine ganze Menge Möglichkeiten, ihn zu manipulieren und auszunutzen.»[57] Der Narzissmus zusammen mit Isolation und Abschirmung machen ihn «anfällig». In einer interessanten Arbeit hat Sulkowicz die im Hintergrund wirkenden «destruktiven Vertrauten» des Chief Executive Officer (CEO), von denen er drei Typen unterscheidet, als schlimmer als offene Feinde bezeichnet:

«Die Vertrauten behalten im Grunde genommen die größten Interessen ihrer Führer. Diese erlangen ihre Befriedigung stellvertretend, eher durch Hilfe jenes als durch persönlichen Gewinn, und sind sich normalerweise bewusst, dass eine Person in ihrer Position den Zugang zu den Geheimnissen des Firmenchefs missbrauchen kann. Fast so viele Vertraute schaden, untergraben oder nutzen die Firmenchefs leider aus, wenn Führungskräfte am angreifbarsten sind.»[58] Der Autor unterscheidet zwischen drei Arten destruktiver Vertrauten:

- «Der *Vorspiegler* widerspiegelt den Firmenchef, indem er ihm dauernd versichert, er sei der gerechteste Chef überhaupt.
- Der *Isolierer* hält den Firmenchef von der Organisation fern und verhindert den Ein- oder Ausfluss kritischer Informationen.
- Der *Anmasser* schließlich schmeichelt sich listig beim Firmenchef ein in der Hoffnung, Macht zu erhalten.»[59]

Auf das «Beraterunwesen»,[60] das zunehmend die Aufgaben übernimmt, oder übernehmen muss, für die eigentlich das Management zuständig ist, wurde in den letzten Jahren vermehrt kritisch hingewiesen.

i) Narzissmus – nur eine Folge von Macht?

Die Theorie der «Bounded Rationality» erklärt Pannen und Fehler im Management wesentlich mit einem Mangel an verfügbarer Information bzw. Rationalität. Stein (2003) hält die Tatsache, dass nicht ausreichende Information zur Verfügung steht, für ungenügend, um das Versagen in Wirtschaftsunternehmen zu erklären: «Erklärungen, die sich um die Idee der ‹begrenzten Rationalität› (bounded rationality) drehen – dass rational funktionierende Unternehmen zusammenbrechen können wegen fehlender Information oder der fehlenden Möglichkeit, solche Information verarbeiten zu können –, sind nicht haltbar.»[61]

Selbstverständlich stellt sich immer die Frage, ob allfällige pathologische Züge nicht, wie von mir in dieser Arbeit vertreten, Ursachen, sondern Folge der Macht sein könnten. Die Sichtweise, dass Macht zu einer Deformation führt, vertritt etwa der Psychoanalytiker Mario Erdheim:[62]

«Die Mächtigen leugnen, dass sie verletzlich sind. Je mehr Macht jemand hat, desto verletzbarer wird er. Denn der Mächtige entwickelt ein Misstrauen gegenüber seiner Umwelt. Und dieses Misstrauen wird immer größer, je länger er es schafft, an der Macht zu bleiben. [...] Wie ein Minenarbeiter bei der Arbeit zwangsläufig eine Staublunge bekommt, so bekommt der Mächtige die Paranoia. Das Gefühl, niemandem vertrauen zu können, führt zu einer Art Verfolgungswahn und der Realitätsverlust schreitet voran. [...] Der Preis der Macht ist die Unfähigkeit zu lieben. Es gibt ein bitteres Gespür der Mächtigen für die eigene Liebesunfähigkeit, die mit der Einsamkeit zusammenhängt. Ich traue niemandem mehr, noch nicht einmal der Frau, die ich liebe. Die Macht lässt die Mächtigen vereisen […] Es müsste den Mächtigen vor Dienstantritt ein Beipackzettel mitgegeben werden über die Nebenwirkungen, die der Konsum der Macht verursacht.»

Auf den Aspekt der Folgen der Macht geht auch der Psychologe Werner Groß ein: «*Der Preis, den jemand für eine große Karriere zahlt, das ist eine totale Außenorientierung. Ich sage immer, das sind Leute, die formschön, stoßfest, bruchsicher und abwaschbar sind. Nach außen tun sie so, als seien sie makellos.*»[63]

Auch Kramer geht davon aus, dass es nicht die primäre Persönlichkeit, sondern die Machtausübung und die Machtfülle als solche sind, die bei Führern zu folgender Entwicklung führen: «Sie leiden am ‹Genie-zu-Wahnsinn-Syndrom›, nach dem sie Besonnenheit, Umsicht und Zurückhaltung aufgeben müssen. Der Fehler liegt nicht in moralischen Mängeln oder individuellen Schwächen, sondern im Druck, der dem Streben nach Macht innewohnt.»[64] Seiner Ansicht nach ist es unsere Kultur selbst, die geradezu erwartet, dass Führer die Gesetze brechen: «Die Systeme, durch die wir unsere Führer auswählen, zwingen Führungskräfte dazu, die zum Überleben essentiellen Angewohnheiten und Verhaltensweisen zu opfern, wenn sie einmal den Gipfel erreicht haben. Die Gesellschaft sieht Risikobereitschaft und Regelverstöße als Zeichen guter Führerschaft an. Den Firmenchefs und anderen Führern fehlen deshalb die Bescheidenheit und Besonnenheit, die benötigt werden, um mit den Belohnungen und Fallenstellungen der Macht umgehen zu können. Sie beginnen zu glauben, dass normale Grenzen für sie nicht gelten und dass ihnen jegliche Ausbeute zusteht, derer sie habhaft werden können.»[65]

Ich teile die Sichtweise, dass es die Machtausübung ist – «süße Droge Macht»[66,67] –, die zu diesen Effekten führt, nicht ganz und messe der Primärpersönlichkeit größere Bedeutung zu. Allerdings «*scheint Macht selbst zu korrumpieren*».[68,69] Aus persönlichkeitspsychologischer Sicht würde man dagegen argumentieren, dass z. B. das Konkurrenzdenken in der Persönlichkeit von Personen, die höhere Narzissmus-Anteile zeigen,[70] eher Ursache als Folge ist.

j) Schönheit – ein evolutionspsychologischer Erklärungsversuch

Eine relativ spekulative, aber nicht uninteressante Hypothese verbindet Narzissmus und beruflichen Erfolg mit physischer Attraktivität und Schönheit. Nach dieser Hypothese führt Schönheit und Jugendlichkeit zu einer größeren Anzahl von Bewunderern, höherem sozialem Status und (insbesondere bei Männern) zu mehr Sexualpartnerinnen. Attraktivität, verbunden mit anderen Eigenschaften, prädisponiert also bei Männern zu Dominanzverhalten und damit zu einer höheren Bereitschaft, Führungsaufgaben zu übernehmen.

Andererseits könnte genau dieses Phänomen, insbesondere wenn es bereits in der Kindheit stark dominiert (Charme, blendendes Aussehen), zum Narzissmus veranlagen. Es hat in der Tat den Anschein, dass es unter sehr erfolgreichen, narzisstischen Männern und Frauen überdurchschnittlich viele mit größerer physischer Attraktivität gibt.[71]

Wer sehr gut aussieht, erhält mehr Lohn. «Gut aussehende Kriminelle werden vor Gericht milder bestraft als unansehnliche – egal, ob es sich um Ladendiebstahl, Prüfungsbetrug oder schwere Verbrechen handelt. Das schönste Drittel der arbeitenden Bevölkerung verdient etwa fünf Prozent mehr als der Durchschnitt, die Hässlichsten rund fünf bis zehn Prozent weniger. Der Grund: Attraktiven Menschen wird mehr zugetraut – und da sie oft selbstbewusster sind, können sie sich besser verkaufen.»[72] In einer heute schon klassisch zu nennenden Studie über die ökonomische Relevanz der Attraktivität fanden Hamermesh und Jeff[73], dass Unternehmen mit gut aussehenden leitenden Angestellten erfolgreicher sind.

Die Kehrseite könnte sein, dass attraktive Personen stärker enttäuschen, wenn sie nicht das einlösen, was man sich erhofft. «Weil wir von den Schönen mehr erwarten, weil wir sie für netter, klüger, interessanter halten, sind wir enttäuscht, wenn sie sich verhalten wie normale Menschen. Die Schönsten sind eine Projektionsfläche für unsere Sehnsüchte.»[74]

Die Schönsten sind nicht nur erfolgreicher, sondern auch glücklicher, zufriedener und weniger gestresst[75] – ein Zusammenhang, der sich jedoch nur bei Männern finden ließ.[76] Allerdings ist der vermutete Zusammenhang empirisch noch relativ spekulativ und vielleicht nur ein Mythos.[77]

5. Soziale Macht, Machiavellismus und Narzissmus

Society is fundamentally criminal – or it would not exist.

Joseph Conrad

5. Soziale Macht, Machiavellismus und Narzissmus

Nach Witte[1] lässt sich Macht phänomenologisch an Einfluss festmachen. Dieser Einfluss durch Macht kann in drei Bereichen (Subsystemen) stattfinden: affektiv, kognitiv und konativ (Handlung, Reaktion). Hinzu kommt für ein Rahmenkonzept der Macht noch die beobachtete Ebene (Systemumfang): Individualsystem, Mikro- (z. B. Kleingruppe), Meso- und Makrosystem (meist Staat).

Je stärker das Subsystem affektiv gefärbt ist und je kleiner der Systemumfang, desto wichtiger werden im Zusammenhang mit Macht und Führung Beziehungsaspekte zwischen den Interaktionspartnern, zwischen dem Führer und dem Geführten.

Im Beziehungsthema liegt auch eine wesentliche Verbindung zur Macht. Soziologie und Sozialpsychologie definieren Macht zunehmend als ein interpersonell-interaktionelles Arrangement.[2]

Es würde an dieser Stelle zu weit führen, die – auch evolutionspsychologischen – Vorteile und Nachteile von prosozialem oder altruistischem bzw. machiavellistischem Verhalten darzustellen. Jede der Strategien hat, wie auch die mathematisch-psychologische Spieltheorie zeigt, spezifische Vor- und Nachteile unter bestimmten Bedingungen.

Dennoch bleibt festzustellen: Obwohl die dominierende radikal individualistische und liberale Theorie in Management- und Betriebswirtschaftslehre die des «Homo Economicus» ist, zeigt die neuere ökonomische Spieltheorie und verhaltenswissenschaftlich orientierte experimentelle Ökonomie, dass das Bild des Menschen, dem es immer und unter allem Umständen um rationale selbstbezogene Gewinnmaximierung geht, so nicht zutrifft.[3] Der erfolgreiche Manager muss das Gemeinwohl stärker berücksichtigen, als man vielleicht in den letzten Jahrzehnten gemeint hat. So argumentiert auch Khurana in einem Interview: «Business-Schools dürfen nicht dazu da sein, ihre Studenten zum

Homo oeconomicus auszubilden. Sie müssen mehr tun, um ihrer Verpflichtung gerecht zu werden.»[4]

Macht wird auch von Luhmann[5] in der Nachfolge und Fortführung der sozialen Einflusstheorie Talcott Parsons[6] im Blickwinkel seiner kommunikationstheoretischen Systemtheorie beziehungsorientiert betrachtet, ohne dass er jedoch den Eigenschaften der Person selbst Bedeutung zuschreibt. Sie dient als «codegesteuerte Kommunikation»[7] dazu, andere Menschen zu bestimmten Entscheidungen oder Handlungen zu motivieren, aber nicht, sie dazu zu zwingen. Es handelt sich bei der Machtausübung um eine hochkomplizierte systemische Konstellation, bei der es darum geht, zwar den Selektionsspielraum des Untergebenen einzuschränken, ihm aber auch ein notwendiges Maß an Entscheidungsfreiheit zu gewähren.

Im Lichte der hier ausgeführten Narzissmus-Diskussion erscheint es somit notwendig, auch die Situation des anderen zu reflektieren.

Macht und ihre flexible Handhabung beruhen sowohl auf der Persönlichkeit des Führers wie auf Organisationsstrukturen. Bei einer stärker pathologisch narzisstischen Persönlichkeit des Führers scheint beispielsweise eine sehr rigide Organisationsstruktur eher schädlich zu sein.

Die psychodynamische Perspektive stellt natürlich eine andere Dynamik der Macht dar.

> Macht, definiert als die Fähigkeit, die Organisationsarbeit auszuführen und – im Falle von Führungspersonen – die Mitarbeiter in diesem Prozess anzuleiten, resultiert aus verschiedenen Quellen:
> - aus der Autorität[8], die dem Führer von der Institution übertragen wird,
> - aus der Autorität, die auf Persönlichkeitseigenschaften, auf fachlicher und intellektueller Kompetenz beruht,
> - aus der durch professionelle oder andere emotional legitimierten Gruppen an ihn delegierten Autorität,
> - aus der Projektion von Aggression auf den Führer, die Teil der paranoiden Dimension der Organisationsdynamik darstellt,
> - und aus der Idealisierung der Führungskraft als Teil der narzisstisch-abhängigen Dimension der Organisationsdynamik.[9]

Aus psychodynamischer Perspektive, die Sankowsky[10] darstellt, ist Status und Macht immer in erster Linie als symbolischer Status verstehbar, der aus Übertragungsdynamiken entsteht.

a) Machiavellismus

Das Konzept der machiavellistischen Persönlichkeit[11] – vielleicht fast so etwas wie ein Komplementärtyp zur «autoritären Persönlichkeit», die Adorno und Horkheimer nach dem zweiten Weltkrieg postuliert hatten – hat sich nicht wirklich durchsetzen können.

Nach Christie u. Geis gehören zu diesem Typus folgende Merkmale:

1. Relativ geringe affektive Beteiligung bei interpersonellen Beziehungen, d. h. kaum Steuerung durch das affektive Subsystem.

2. Relativ geringe Bindung an Konventionen und Moral, d. h. grosses Handlungsspektrum in vielen Situationen.

3. Eine differenzierte Anpassung an die realen Gegebenheiten, d. h. Auswahl der Handlungen, die zum Erfolg führen, wobei diese Handlungsoptimierung nicht gezielt kognitiv gesteuert ist[12,13]

Bereits 1956 wies dann Adornos früherer Mitarbeiter N. Sandford darauf hin, dass autoritäre Persönlichkeitseigenschaften und autoritäres Verhalten in Führungsrollen nicht übereinstimmen müssen.

Machiavellismus kann definiert werden als eine relativ automatisierte Bereitschaft, so zu handeln, dass es einem selbst zum Vorteil gereicht.[14] Personen, die stark machiavellistische Züge aufweisen, werden relativ schnell – auch nonverbal – als solche identifiziert, wie empirisch gezeigt werden konnte.[15]

Hochmachiavellistische Personen, gemessen mit den entsprechenden Instrumenten[16], müssen interessanterweise nicht automatisch auch nach Macht oder Führung streben (Machtmotivation).[17] Wenig untersucht sind die Beziehung von Narzissmus und Machiavellismus. Biscardi u. Schill[18] fanden beide Konzepte miteinander verbunden.

Kelman hat ein Modell für die Beeinflussungstechnik zur Durchsetzung von Interessen in der Interaktion entwickelt. Er benennt folgende drei Aspekte:[19]

1. Seine *Glaubwürdigkeit*, die eine andere Person überzeugt, dass sein Standpunkt der richtige ist. Prozess der Änderung erfolgt durch Internalisation. Angesprochenes Subsystem ist das kognitive. Die Mittel der Machtausübung[20] könnten als Experten- oder Informationsmacht bezeichnet werden.

2. Seine *Attraktivität*, die bewirkt, dass andere Personen ihm ähnlich sein wollen. Dieser Prozess der Änderung durch Macht funktioniert durch Identifikation. Angesprochenes Subsystem ist das affektive. Die

Machtausübung könnte als Identifikationsmacht (meines Erachtens nahe
der «charismatischen Herrschaft» nach Max Weber) bezeichnet werden.

3. Seine Macht, die ihm Mittel des Zwangs und der Belohung in die Hand
    gibt (Gehalterhöhungen, Beförderungen etc.). Veränderungsprozesse
    erfolgen durch Nachgiebigkeit, durch Anpassung (an Zwang). Ange-
    sprochenes Subsystem ist das konative. Die Machtausübung könnte als
    Macht durch Belohnung, durch Zwang oder durch Legitimität bezeich-
    net werden.

Hochmachiavellistische Personen werden als glaubwürdiger[21] und attraktiver[22]
eingeschätzt und können Belohnungen und Bestrafungen gezielter einsetzen.[23]

b) Charismatische Führung

Auf dem berühmten Konzept der «charismatischen Herrschaft» des Soziologen Max Weber[24] basiert die Einteilung in «personalisierte charismatische Führer» (personalized charismatic leaders, PCL) einerseits und sozialisierte charismatische Führer (socialized charismatic leaders, SCL) andererseits. In einer
interessanten Studie[25] konnte Popper zeigen, dass lediglich die «personalisierte
charismatische Führerschaft» hoch mit Narzissmus korreliert war. In dieser
Studie zeigte sich auch eine höhere Korrelation dieser Gruppe mit so genannter
«vermeidend unsicherer Bindung» im Unterschied zur sicheren Bindung. Dagegen zeigten «sozialisierte» (oder tranformationale) Führer, die ein emotionales
«Investment» zugunsten ihrer Gefolgsleute tätigten, mehr häufiger sichere Bin-
dungsstile.[26] Diese Gruppe tendiert auch nicht dazu, aus Gründen einer Selbst-
abwehr dominieren zu wollen, sondern um anderen zu einer wirkungsvolleren
Selbstkompetenz zu verhelfen (Empowerment) (House u. Howell, 1992).

Es konnte auch in psychohistoriometrischen Studien gezeigt werden, dass
charismatische Führerschaft hoch korreliert mit Narzissmus ist.[27] Das Konzept
hat auch in der Politologie bis heute überlebt.[28] Conger und Kanungo[29] sprechen deshalb auch von der «Schattenseite des Charismas».

In einer interessanten Studie[30] war es Aufgabe von unabhängigen Experten, die nicht wussten, dass es sich um die Biographien von US-Präsidenten
handelte, solche Persönlichkeiten nach Narzissmus, Charisma und anderen
Aspekten nach dem Grad ihres Narzissmus zu beurteilen. Der vermutete Nar-
zissmusgrad korrelierte mit Charisma, Kreativität, wichtigen Entscheidungen

und interessanterweise mit dem Vermeiden kriegerischer Auseinandersetzungen.

Es sollte jedoch betont werden, dass es auch unter «Konsens-Führern»[31], die also gerade nicht charismatisch sind, schwere narzisstische Pathologien geben kann und umgekehrt charismatische Führer auch frei von (pathologischem) Narzissmus sein können.

c) Macht und Narzissmus

In einer interessanten Untersuchung haben Kochansky u. Herrmann (2004) versucht, einen Zusammenhang herzustellen zwischen der Narzissmus-Theorie und dem Skandal in der katholischen Kirche um sexuellen Missbrauch an Kindern und Jugendlichen durch Geistliche. Die Autoren argumentieren[32], dass der Narzissmus (natürlich auch in seinen weniger pathologischen Varianten) sowohl Triebfeder für die Berufswahl des Geistlichen sein kann wie auch eine mögliche Erklärung (in seinen schwer pathologischen Formen) für den Machtmissbrauch, der in solchen sexuellen Übergriffen sichtbar wird. Die Autoren argumentieren auch, dass es zu etwas wie «institutionellem Narzissmus» kommt, wo Verfehlungen unter dem Mantel der Verschwiegenheit und zum Selbstschutz gedeckt werden.

Den Zusammenhang zwischen militärischer Führerschaft und Narzissmus haben besonders Bourgeois und Mitarbeiter[33] und Ronfeldt[34] beleuchtet. «Dieses erstaunlich hohe Vorkommen narzisstischer Persönlichkeitsmerkmale mag mit einer Selbstselektionstendenz zusammenhängen bei Leuten, die eine militärische Karriere wählen. Narzisstische Persönlichkeitsmerkmale können einen anwendbaren Vorteil in bestimmten beruflichen Militärfunktionen verschaffen.»[35]

Auch die Arbeiten von Chemers und Mitarbeiter[36] sowie Sümer und Mitarbeiter[37] zeigen, dass narzisstische Persönlichkeitszüge im Ausleseprozess für eine militärische Karriere geradezu gewünscht werden. Im schweizerischen Milizarmeesystem waren noch bis vor wenigen Jahren Zugehörigkeit zur militärischen und wirtschaftlichen Elite quasi gleichzusetzen.[38]

d) Soziologische und sozialpsychologische Aspekte der Wirtschaftelitenbildung

Globalisierung und Wiedererstarkung des wirtschaftlichen Neoliberalismus tragen dazu bei, dass sich die Schere zwischen Angestellten- bzw. Arbeiterlöhnen und Topmanager-Gehältern immer weiter öffnet und zu einer zunehmenden Oligarchie in der Wirtschaft führt.[39] Linke und neomarxistische Theoretiker sehen zudem einen Zusammenhang zwischen antietatistischer, individualistischer und radikaler kapitalistischer Marktökonomie und der Verformung des kulturellen Systems, in dem diese Form des Neoliberalismus Asozialität und Bindungslosigkeit organisiert.[40] Von dem Soziologen Michael Hartmann[41] und anderen wurde die oft vertretene Aussage, dass der Aufstieg in der Wirtschaft Leistung und intellektuellen Meriten zu verdanken sei, als Mythos entlarvt. Ausschlaggebend seien – wie dies bereits Pierre Bourdieu für die französische Bourgeoisie und Elite analysiert hatte – dagegen Zugehörigkeit zu und Vernetzung in entsprechenden Zirkeln (angefangen über Internate, Studentenverbindungen, Clubs etc.), und insbesondere auch ein grossbürgerlicher Habitus, der für Aussenstehende schwer zu durchschauen und schwer zu erlernen sei. Feldman[42] konnte zeigen, dass etwa die Rekrutierungspraxis der Zulassungskommissionen von Eliteuniversitäten wie Harvard ganz wesentlich nicht nur auf Noten basiert, sondern auf Persönlichkeitsmerkmalen, die als «Leadership» bezeichnet werden.

Bereits Roberts Michels benennt in seinem *Oligarchie-Gesetz* auch psychologische Bedingungen wie den Egoismus des Menschen und seine Neigung zu Erhaltung des Bestehenden, die mit den strukturellen Bedingungen zusammenwirken.[43] Dabei kommt es zu einer «Psychologischen Metamorphose» bei Führenden und Geführten, die, könnte man vereinfacht sagen, bedeutet, dass beide daran glauben bzw. sich damit identifizieren, dass sie unten oder dass sie eben oben sind.

Von Elitesoziologen wurde auch gezeigt, dass die wichtigsten Antriebskräfte für den Aufstieg letztlich Geld und Macht sind.[44] Dies sind Eigenschaften, die vor allen Dingen auch das Ansehen betreffen. Weniger verbreitet sind «reifere» (d. h. weniger narzisstische) Motive wie die Möglichkeit, etwas zu gestalten, Menschen anzuleiten, die Welt verbessern zu helfen und dergleichen.

Ein weiterer wichtiger Zusammenhang könnte wie in dem von Mosca[45] und Robert Michels[46] beschriebenen «ehernen Gesetz der Oligarchie» (bzw. Oligokratie) zwischen «Elitebildung» und einer Art von Auserwähltheits- und Überlegenheitsgefühl resultieren, die von einer – dem Kapital analogen

– Machtakkumulation ausgehen. Die Elitetheoretiker Gaetano Mosca und Vilfredo Pareto haben indirekt auch das Konzept der «kulturellen Hegemonie» von Gramsci geprägt, die vielleicht als Gegenkraft zur wirtschaftlichen Oligarchie verstanden werden könnte, aber ebenfalls in der theoretischen Tradition Machiavellis steht.

Zusammenfassend könnte man sagen, dass neben der sozialen Herkunft, die noch immer eine entscheidende Rolle spielt, Motive und Eigenschaften narzisstischer Persönlichkeiten wie Streben nach Macht und Anerkennung oder Imitations- und Anpassungsfähigkeit hilfreich sind, um gerade im Management hochzukommen, wo das stilsichere Auftreten und eine gewisse Rücksichtslosigkeit («Sanieren», «Outsourcen») wichtig sind.

e) Narzisstistische Kultur

Khurana[47] weist darauf hin, dass nicht nur Filmstars und Popmusiker in den Vereinigten Staaten berühmt sind und die Massen bewegen, wenn sie auf der Bühne stehen, sondern dass dies auch zunehmend für Wirtschaftsführer gilt: «Auf dem Arbeitsmarkt der Topmanager halten sich Geschichten, Tratsch und Legenden über bestimmte Führungskräfte länger als über andere, ungeachtet der Fähigkeiten oder Leistungen der Individuen. In der Tat wäre es im Falle von Firmenchefs manchmal schwierig, das Charisma des Führers aufrechterhalten zu können, wenn der Fokus auf seine/ihre Taten gerichtet wäre. Während Charisma in der Vergangenheit einem bestimmten Individuum wegen seinen/ihren Taten zugemessen wurde, ist dies in der heutigen Zeit problematisch, wo solche Taten zum Beispiel Entlassungen Zehntausender Menschen beinhalten. In der heutigen Firmenfolklore (welche das Psychologisierende der öffentlichen Sprache in der Amerikanischen Gesellschaft widerspiegelt) wird Charisma oft weniger als in spezifischen Aktionen und Leistungen verwurzelt angeschaut als vielmehr in der Fähigkeit eines Individuums, einen persönlichen Nachteil zu überwinden. So wiesen beispielsweise Jack Welchs Biographen darauf hin, dass er als kleiner Junge ein Stottern überwinden musste – eine Leistung, die ihm angeblich das Nötige beibrachte, um einen Grosskonzern zu leiten. Die Biographen von John Chambers weisen darauf hin, dass dieser zukünftige Firmenchef Dyslexie besiegen musste, und behaupten, dass dieses Vermögen ihm teilweise half, Cisco Systems aufzubauen.»[48]

Der Narzissmus wird als ein Signum unserer westlichen Zivilisation verstanden. Insbesondere in den 70er Jahren postulierten Soziologen das «Zeitalter des Narzissmus».[49] Heute ist dieses Schlagwort etwas weniger verbreitet, vielleicht deshalb, weil es selbstverständlich geworden ist.

Richard Sennett erblickt im Narzissmus hingegen quasi das Grundübel der Epoche, das verantwortlich ist für die Atomisierung des Sozialen und auch seinen Protagonisten nicht gut bekommt. War die Neurose die psychische Krankheit des autoritären Kapitalismus, so sind für Sennett die narzisstischen Charakterstörungen das Signum des antiautoritären Kapitalismus.

Bereits 1979 konnte der Vordenker der Narzissmus-Bewegung der 70er Jahre Lasch schreiben:

«Der Unterschied zwischen der neuen Managerelite und der alten Besitzelite definiert [...] den Unterschied zwischen dem bürgerlichen Zeitalter, das heute nur noch an der Peripherie der Industriegesellschaft überlebt, und dem neuen therapeutischen Zeitalter des Narzissmus.[50] [...] Die neue Elite, die sich von den Prinzipien der alten Bourgeoisie lossagt, identifiziert sich nicht mehr mit dem Ethos der Arbeit und der Verantwortung für erarbeiteten Wohlstand, sondern mit einer Weltanschauung, die Hedonismus und Selbsterfüllung als höchste Werte erkennt.»[51]

In einer bemerkenswerten Arbeit hat die New Yorker Psychologin und Psychoanalytikerin Diane Diamond[52] das Ineinandergreifen (Reziprozität) von individueller narzisstischer Pathologie und gesellschaftlicher narzisstischer Störung beschrieben. Die gesellschaftliche Entwicklung in Richtung einer Narzissmus-Kultur erklärt möglicherweise noch keine individuellen Exzesse in dieser Richtung ohne entsprechende persönliche Prädisposition, schafft aber vielleicht ein Klima (exhibitionistische Medienwelt etc.), das solchen Personen mehr Möglichkeiten der Entfaltung und Wertschätzung einräumt, als dies unter anderen sozialen Begebenheiten der Fall wäre. Eine narzisstische Kultur mag auch dazu beitragen, dass narzisstische Individuen in dieser Entwicklungsphase verbleiben, weil sie genügend Gratifikation erhalten. Knapp und treffend hat es Kernberg auf den Punkt gebracht: «... Ideologien fallen mit der Psychologie ihrer Flaggenträger zusammen.»[53]

Diese narzisstische Kultur korrespondiert gut mit dem Narzissmus-Problem im Management.

Es wurde sogar die Frage aufgeworfen, ob der zu beobachtende Anstieg narzisstischer Verhaltensweisen mit der Profitgier der Wirtschaftskonzerne («Heuschrecken») und ihrer Topmanager erklärt werden könnte.[54]

Für viele Wirtschaftsbosse sei die Imagepflege und Aussendarstellung wichtiger geworden als das Wohl der Firma. Sie fühlten sich jedoch in diesem Gebahren weitgehend durch das allgemeine «Ökosystem des Narzissmus» geschützt.[55]

Möglicherweiserweise können narzisstisch akzentuierte Persönlichkeiten den im Grunde konflikthaften Spagat zwischen ethischen Prinzipien und höheren Profiten besser von sich fernhalten und – wie dies ja an Stellungnahmen von Wirtschaftsführern der letzten Zeit sichtbar wurde – sogar den von Grandiosität zeugenden Anspruch erheben, dass selbst ungeheuer hohe Lohnsummen ihren Leistungen angemessen sind.

Die Kritik von anderen daran[56] wird dann einfach als «Sozialneid» apostrophiert und von sich ferngehalten.[57]

Möglicherweise können narzisstische Persönlichkeiten – dann im Sinne einer Mimikry – den Habitus und die «Dress- und Benimm-Codes»[58], die im Auftreten wichtig sind, besser nachmachen, was mit eigener Ich-Schwäche, natürlich in Kombination mit Intelligenz – zu tun haben könnte.

Geradezu zum Programm erhoben – im Sinne einer Karrierefibel – hat Berg[59] diese negativen sozialdarwinistisch anmutenden negativen Eigenschaften des rücksichtslosen Egoismus. Der globale Zusammenbruch der so genannten «New Economy» Ende der 90er Jahre wurde vielfach mit der eingesetzten «Gier» nach immer mehr erklärt. Auf den Zusammenhang zwischen Niedergang von Unternehmen und Narzissmus hat bereits Anfang der 90er Jahre Schwartz hingewiesen.[60]

Stein beschreibt anhand des Kollaps eines Hedge-Funds im Jahr 1998 irrationales Funktionieren und eine Art von Organisationsnarzissmus, den er für den Zusammenbruch verantwortlich macht und zu dem Hybris (d. h. immer auch die Phantasie, unverwundbar zu sein) sowie die Phantasie von Allmächtigkeit und Allwissenheit (omnipotence and omniscience), aber auch Gefühle von Verachtung und Triumph gehören.[61]

f) Sind weibliche Führungskräfte wirklich anders?

Es wird immer wieder angeführt, dass die Wirtschaft oder die Politik menschlicher, fairer, empathischer wäre, wenn Frauen darin ein grösseres Gewicht hätten.[62] Ob dies tatsächlich der Fall wäre, ist unklar. Zwar zeigen Frauen in einigen wenigen Bereichen (Partnerschaftsverhalten, Sexualität) deutlich andere Verhaltensmuster und Strategien als Männer, in anderen Bereichen sind die Unterschiede aber weniger stark oder scheinen sich anzugleichen (räumliche Vorstellungskraft versus sprachliche Fähigkeiten).[63]

Eagly beschreibt den Aufstieg weiblicher Führungskräfte – oder, wie man treffender sagen müsste, das Bild, weibliche Eigenschaften seien in der Führung besser, treffend wie folgt:[64]

«In vielen postindustriellen Gesellschaften verstärkt sich der Aufstieg von Frauen in hohe Führungspositionen. Obwohl Frauen in Rollen mit wesentlichem Einfluss immer noch eine gewisse Diskriminierung erfahren, scheinen vorurteilsbehaftete Reaktionen ihnen gegenüber abzunehmen. Im Sinne der Rolleninkongruenztheorie von Eagly und Karau (2002) zur Erklärung von Vorurteilen gegenüber weiblichen Führungskräften kann der Aufstieg von Frauen in Führungspositionen auf drei Faktoren zurückgeführt werden: (a) eine Redefinition der für Führungspositionen erforderlichen Qualitäten, in die sowohl androgyne und feminine Eigenschaften als auch maskuline Eigenschaften einbezogen sind, (b) eine Tendenz zur Adaption maskuliner Eigenschaften von Frauen entsprechend ihrer Partizipation am Arbeitsmarkt und (c) die Favorisierung kompetenter, androgyner Führungsstile von Frauen, die ihnen helfen, der immer noch mangelnden Passung von Führungsrolle und weiblicher Geschlechtsrolle zu begegnen.»

Hannover und Kessels[65] haben weibliche und männliche Topmanager nach den Gründen für die Unterrepräsentanz von Frauen in Führungspositionen gefragt. Sie fanden, dass «Frauen und Männer gleichermaßen solche Erklärungsmuster präferierten, die die jeweils eigene Geschlechtsgruppe entlasten: Frauen sahen die Diskriminierung durch männliche Vorgesetzte sowie ungünstige gesellschaftliche Rahmenbedingungen als bedeutsamer an als Männer, die ihrerseits die wesentliche Ursache in einem Mangel an fachlich einschlägig qualifizierten Frauen mit starkem Führungswillen sahen.» Hannover und Kessels bringen diese Erklärungsmuster der Männer (aber teilweise auch der Frauen) mit den von «von Eagly und Karau (2002) beschriebenen deskriptiven (d.h., Frauen wird weniger Führungskompetenz zugeschrieben als Männern) und injunktiven (d.h., Führungsverhalten wird negativer bewertet, wenn es von einer Frau statt von einem Mann gezeigt wird) Aspekte des Vorurteils gegenüber weiblichen Führungskräften» in Verbindung.

Nach diesem sozialpsychologischen Ansatz werden somit gleich wie ihre männlichen Konkurrenten qualifizierte Frauen bezüglich ihrer Führungsqualitäten anders wahrgenommen als Männer, weil das typische Bild einer erfolgreichen Führungskraft stärker mit dem männlichen als mit dem weiblichen Geschlechtsstereotyp assoziiert ist («think-manager-think-male-Phänomen»).

«Indem Frauen vermehrten Zutritt in traditionell männerdominierte Funktionen haben, werden ihnen mehr maskuline Charakteristika zugeschrieben; das Stereotyp gegenüber Frauen ist mit anderen Worten dynamisch. Im Gegensatz dazu haben die stabilen Funktionen der Männer zur Folge, dass sie als in ihren Eigenschaften beständig angeschaut werden.»[66]

Dies erschwert eine Beurteilung darüber, ob und wie Frauen tatsächlich anders – ob führungsschwächer oder erfolgreicher – sind. Unklar bleibt auch, ob die «social dominance theory» von Männern zutrifft.[67] Vermutlich fallen individuelle Unterschiede mehr ins Gewicht.

In einer vielzitierten Metaanalyse fanden Eagly und Mitarbeiter[68], dass Frauen und Männer in den Führungseigenschaften gleich gut abschneiden, dass aber Männer – passend zur Notwendigkeit von Rollenkongruenz von erfolgreichen Führern, dann besser abschnitten, wenn es um Führungsrollen ging, in denen mehr männliches Führungsverhalten gefordert wurde. Dann, wenn explizit «männliche Führung» (z.B. direktive Führung) gefragt wird, werden auch weibliche Führungskräfte – unabhängig von ihrer Leistungsperformance – schlechter beurteilt.[69]

Interessant und ermutigend für die Bedeutung weiblicher Führung ist dabei folgender Befund, den Eagly und Mitarbeiter[70] in einer weiteren Metaanalyse beschrieben. Während sich bei männlichen Führungskräften vermehrt der – in der heutigen Führungskultur charakteristische – transaktionale Führungsstil (Austauschprozesse, etwa Beiträge gegen Anreize) oder aber der Laissez-faire-Führungsstil zeigt, fand sich bei Frauen vermehrt der als besonders erfolgreich geltende *transformationale Führungsstil*.[71]

Merkmale transformationaler Führung[72]

- wirkt als Vorbild für die Mitarbeiter, setzt hohe moralische Standards, entwickelt die Wahrnehmung der Mission oder Vision des Teams und der Organisation (Charisma, idealized influence),
- stimuliert das Interesse bei Kollegen und Mitarbeitern, ihre Arbeit aus neuen Perspektiven zu sehen (intellectual stimulation),
- entwickelt Kollegen und Mitarbeitern Fähigkeiten und Potentiale auf höhere Niveaustufen (individualized consideration),
- motiviert Kollegen und Mitarbeiter, über ihre eigenen Interessen hinaus zum Wohl der Gruppe beizutragen (inspirational motivation).

Gerade dieser Führungsstil kann m.E. als relativ wenig «narzisstisch» beschrieben werden, verlangt er doch sehr stark die Einnahme der Perspektive des Gegenübers.

Es bleibt zusammenfassend unklar, ob die möglicherweise «männlich geprägte» Welt des Management die Frauen doch stärker beeinflusst, bzw. ob es sogar zu Überkompensationen kommt, die dazu führen, dass Frauen selbst als typisch weiblich apostrophierte Verhaltensweisen eher unterdrücken. Aus evolutionspsychologischer Perspektiv kann angenommen werden, dass Frauen ebenso wie Männer über Rangkämpfe verfügen, die sich aber auf andere Terrains beziehen.

6. Psychopathen in der Führungsetage

Gewalt, unverhüllte Brutalität, hat mehr Fra-
gen im Laufe der Geschichte entschieden als
irgendein anderer Faktor, und jede andere
Ansicht ist Wunschdenken. Wer diese Wahr-
heit vergisst, bezahlt mit Leben und Freiheit.

Robert A. Heinlein, «Starship Troopers»

6. Psychopathen in der Führungsetage

In einem bis heute einflussreichen Artikel haben Kets de Vries und Miller den Zusammenhang zwischen Führung und Narzissmus aus psychodynamischer Perspektive ausgeleuchtet:

«Es wird behauptet, dass eine kritische Komponente in der Führerorientierung die Qualität und Intensität ihrer narzisstischen Entwicklung ist. In dieser Arbeit wird die Beziehung zwischen Narzissmus und Führung untersucht. Mittels Konzepten aus der psychoanalytischen Objektbeziehungstheorie werden drei narzisstische Konfigurationen vorgestellt, die bei Leadern vorkommen: reaktiv, selbsttäuschend und konstruktiv. Ihre Ätiologie, Symptomatologie und defensive Struktur wird erörtert.»[1]

Kets de Vries und Miller[2] identifizieren als zentrales Problem des Narzissmus die Tendenz, dass die Manager allein durch ihr egoistisches Bedürfnis nach Bewunderung und Macht motiviert werden und weniger durch eine empathische Verbundenheit mit der Organisation und den Menschen, die sie führen.

Auch Maccoby[3] hat in seiner Analyse von wichtigen Wirtschaftsführern festgestellt, dass der Typus des narzisstischen Führers in den letzten 25 Jahren zugenommen hat. Er greift dabei die psychoanalytische Literatur und Debatte über den Narzissmus der 70er Jahre[4] auf und unterscheidet[5] zwischen dem *produktiven* und dem *unproduktiven* Narzissmus.

Rosenthal[6] spricht sogar von einer eigentlichen «Debatte»[7], darüber, ob die negativen oder die positiven Eigenschaften des Narzissmus im Management ausschlaggebend seien.

Folgende sieben Aspekte des Narzissmus können sich nach Rosenthal als problematisch erweisen:[8]
1. Minderwertigkeitsgefühle,
2. Unstillbarer Hunger nach Anerkennung und Überlegenheit,[9]
3. Überempfindlichkeit und Ärger,[10]
4. Mangel an Empathie,
5. Amoralisches Handeln,[11]
6. Irrationalität und Unflexibilität,[12]
7. Paranoide Verarbeitung.

a) Erfolg im Management

Dagegen können inbesondere die Tendenz, visionär zu sein und Mitarbeiter hinter sich zu scharen, positive Eigenschaften sein.[13] Maccoby «behauptet, dass die heutige hektische und chaotische Geschäftswelt Führer erfordert, die eher grosse Visionäre und Innovatoren sind anstatt solide Aufbauer von Unternehmen, die sich sehr langsam verändern.»[14]

Es fällt auf, dass im Zusammenhang mit charismatischer Führung immer wieder vom *Visionären* die Rede ist, um Erfolg im Management zu erklären. Kennzeichen des Visionären sind: *ein Gespür für Zukünftiges und Ideen umsetzen zu wollen, die zunächst als nicht praktikabel oder utopisch erscheinen, und dafür Zwänge zu überwinden.*

Bennis und Nanus[15] haben sogar eine Dichotomie hergestellt zwischen *Managern* einerseits und Führungskräften als *«sozialen Architekten»* andererseits. Im Unterschied zum reinen Manager, «der Dinge richtig macht, während der Führende richtige Dinge tut», soll die Führungskraft die Richtung vorgeben, eine Vision weisen. Das Visionäre geht über die bestehenden Aufgaben hinaus, die für das Management typisch sind. Es ist Rathgeber zuzustimmen, wenn sie schreibt: «Eine wichtige Funktion von Visionen ist es, die eigene Tätigkeit in einen grösseren Sinnzusammenhang zu stellen und ihr damit mehr Bedeutung zu verleihen.»[16] Die Studien von Baum und Mitarbeiter[17] sowie Hoch und Mitarbeiter[18] bestätigen die Verbindung zwischen klaren Visionen und Unternehmenserfolg.[19]

Allerdings können Narzissten nur dann wirklich produktiv sein, wenn sie ihre eigenen problematischen Seiten möglichst gut selbst reflektieren können. Ausserdem hängen Erfolg oder Misserfolg von den Umständen ab.[20] Es wurde auch ausgeführt, dass es einen wichtigen Unterschied machen könnte, ob es in einer Management-Funktion eher um Stabilisierung oder Neuorientierung geht. Für Letzteres könnte ein Narzisst erfolgreicher sein, als wenn es um Stabilisierung geht.[21]

Grundsätzlich können sich bei Führern von Unternehmungen und Organisationen alle Arten von Persönlichkeitsstörungen finden (zwanghafte, schizoide, misstrauische, ängstlich-vermeidende etc.). Allerdings führen diese sogenannten «Persönlichkeitsakzentuierungen» in der Regel zu Rückzug, Unsicherheiten u. Ä., die zur Erlangung einer Leitungsfunktion eher hinderlich sind.

Dies gilt nicht für die narzisstische Persönlichkeitsstörung, die sogar im Gegenteil dazu führt, dass Narzisten in besonderem Masse prädisponiert sind, nach höheren Positionen zu streben und diese auch zu erreichen. Dafür gibt es mehrere Gründe:

- Das nie ganz stillbare Bedürfnis nach Bewunderung und Anerkennung führt dazu, dass die Personen ehrgeizig sind.
- Die Personen mit narzisstischen Störungen verfügen oft über nicht wenig Charme und Charisma (den sie z. T. in der Vergangenheit entwickeln mussten, um wenigstens etwas von der Zuwendung zu erhalten, die sie vermissten).
- Bei stärkerem Narzissmus besteht die Tendenz, andere für sich arbeiten zu lassen und deren Ergebnisse als eigene auszugeben.

In diesem Zusammenhang erscheint es wichtig, dass die narzisstische Führungspersönlichkeit nicht aus sich allein heraus erfolgreich sein kann, sondern spezifische interaktionelle Dynamiken aktiviert. Häufig projizieren zum Beispiel Angestellte dann auch in eine narzisstische Persönlichkeit ihr eigenen (zuvor evtl. unterdrückten) grandiosen Phantasien.[22] Es sind also bei narzisstischen Dynamiken meist beide Beteiligten zu beleuchten, der *manifeste Narzissmus der Führungsgestalt* und *der latente Narzissmus der Mitläufer*. Dies ergibt eine u. U. erhebliche pathologische Kollusion, beispielsweise wenn sehr gute Mitarbeiter entlassen werden, bloss weil sie sich dieser Dynamik (zu bewundern) entziehen. Rosenthal schreibt zu Recht, dass «die gegenwärtige Forschung über Narzissmus und Führung gut mit der Idee übereinstimmt, dass Narzissmus zwar positiv mit dem Erreichen einer Führungsposition zusammenhängt, aber nicht notwendigerweise mit der guten Leistungserbringung in jener Position».[23]

Der Erfolg des Narzissten hat allerdings nur eine kurze Halbwertszeit. Man beobachtet,[24] dass Narzissten als Führende zunächst einen positiven Eindruck machen, der dann aber nicht hält, was er verhiess.[25] Eine wissenschaftliche Erklärung, die man als «dissonanztheoretisch» bezeichnen könnte, für dieses Phänomen schlägt Rosenthal[26] wie folgt vor:

«Laborbasierte Untersuchungen behaupten jedoch, dass es mit dem übermässigen Selbstvertrauen und der Überbewertung ihrer Arbeitsbeiträge zusammenhängen könnte. Robbins und Paulhus (2001) zum Beispiel führen in ihrer Abhandlung über die narzisstische Forschung zu Arbeitsplatzfragen aus, dass ‹narzisstische Individuen überhöhte Ansichten von sich selbst haben, verglichen mit objektiven Massstäben oder mit subjektiven Ansichten anderer, gleich, ob sie ihre Aufgabenerfüllung, Persönlichkeitsmerkmale, erwartete akademische Leistungen, Verhaltenshandlungen, Intelligenz oder physische Attraktivität einschätzen› (205). Die aufgeblasenen Einschätzungen der Narzissten über ihre Fähigkeit fussen mit anderen Worten nicht auf grösserer Fähigkeit (Campbell et al. 2004). Narzissmus steht beispielsweise bei Verkaufsleuten in Zusammenhang mit der Zufriedenheit am Arbeitsplatz (wie auch mit ihrer Einstellung zu ethisch fraglichem Verkaufsverhalten), aber nicht mit ihrer eigentlichen Verkaufsleistung (Soyer et al. 1999). Narzissten glauben einfühlsam zu sein (dass sie Absichten und Emotionen anderer verstehen würden); sie überschätzen jedoch ihr soziales Urteilsvermögen viel mehr, als andere dies tun (Ames u. Kammrath, 2004). Narzissten treffen risikoreichere Entscheidungen und sind an risikoarmen Entscheidungen weniger interessiert als Nichtnarzissten (Campbell et al. 2004), sodass sie öfter verlieren als Nichtnarzissten. Ihre Voraussagen über zukünftige Leistungen (selbst in künftig ähnlichen Aufgaben) sind aber nicht gemässigt durch ihre vergangene Leistung in solchen Aufgaben.»[27]

Auch Kernberg[28] stellt fest: «In vielen Fällen handelt es sich um sehr intelligente, hart arbeitende Männer und Frauen, die auf ihrem Gebiet extrem begabt oder fähig sind; ihre narzisstischen Bedürfnisse aber neutralisieren oder zerstören ihr kreatives Potential in der Organisation.»

b) Die Untersuchungen von Paul Babiak zu Psychopathen in Führungsetagen

Nach Erkenntnissen des Bundeskriminalamtes werden rund eine Drittel aller Wirtschaftsdelikte von Mitgliedern des Topmanagements begangen.[29] Khurana[30] hat eindrücklich auf die Gefahren durch die mit in den letzten Jahren immer grösserer Macht ausgestatteten CEOs hingewiesen. Er beschreibt ihre charismatische Befähigung, ihre Isolation («closed eco-system»), irrationale Entscheidungen, das Übergehen unternehmerischer Traditionen und stellt schliesslich eine Verbindung her zwischen diesem Phänomen und dem Untergang einiger Unternehmen der letzten Jahre. Er weist darauf hin, dass mehr Aufmerksamkeit auf Talente, die aus den Unternehmen selbst kommen, gelegt werden sollte, die vielleicht über weniger charismatische Ausstrahlung verfügen, aber dafür über eine grössere Befähigung zur Führung. Hinzukommt, dass durch die Fokussierung auf charismatische Macht der Markt der potentiellen CEO immer kleiner wird.

Der amerikanische Wirtschaftspsychologe Paul Babiak wurde in den letzten Jahren bekannt für seine Untersuchungen zu «Psychopathien», d. h. extrem rücksichtslosen, z. T. mit krimineller Energie und antisozialem Verhalten gepaartem schwerem Narzissmus bei Führungskräften. Babiak konnte nachweisen, dass sich solche Persönlichkeiten, die er «Schlangen in Nadelstreifen» nennt, vermehrt in höheren Führungsetagen finden lassen.[31] Unter Managern sei der Anteil der Personen mit «dissozialer Persönlichkeitsstörung» – die zeitgemäße Umschreibung des alten Begriffs «Psychopath» – überproportional hoch. Während in der Gesamtbevölkerung der Anteil etwa ein Prozent betragen würde, kämen in US-Firmen auf hundert Angestellte rund acht Psychopathen – und das auch noch stets in höheren Positionen. Die «psychopathischen» Manager – Babiak spricht von der «Diagnose» «Corporate Psychopathy» – wären zwar kaum körperlich aggressiv und häufig sogar recht geschickte Selbstvermarkter, andere negative für das Krankheitsbild typische Eigenschaften kämen aber sehr wohl zum Tragen. Mit ausschließlicher Selbstbezogenheit, Unberechenbarkeit und der Neigung, andere zu beschuldigen, könnten diese Personen Konzerne nämlich bis in den Abgrund treiben.

Ogger[32] benennt folgende Hauptfehler der Manager, die er als «Nieten in Nadelstreifen» bezeichnet und die er für die entstandene Technologielücke, den Grössenwahn, das Chaos, die offenen Konflikte und die Missachtung der Märkte in Grossunternehmen verantwortlich macht:
1. Egoismus
2. Unfähigkeit zur Teamarbeit
3. Opportunismus
4. Konformismus
5. Bürokratismus
6. Akademiker im Elfenbeinturm
7. Frostiges Betriebsklima
8. Insuffizienz

Auch hier können einige dieser Fehler mit übersteigertem Narzissmus in Verbindung gebracht werden.

Ihre Unberechenbarkeit, die Freude am Schikanieren und ausschließliche Selbstbezogenheit schädigten nicht nur die Mitarbeiter, sondern ebenso die Unternehmen. Nach Meinung von Robert Hare, einem der bekanntesten Forensischen Psychologen und Koautor von Babiak, hätte manch großer Bilanzskandal in der Vergangenheit vermieden werden können, wenn die oberen Etagen auf diese «Corporate Psychopathy» abgeklopft worden wären.

Die beiden Experten, die nicht nur die großen Konzerne, sondern auch Behörden wie das FBI beraten, erkennen natürlich: Den mitunter sehr ehrgeizig und intelligent auftretenden Psychopathen kommt es zupass, dass einige ihrer Eigenschaften wie etwa Skrupellosigkeit oder Mangel an Emotionen nicht selten erwünscht sind. Sie gelten in ihren Firmen häufen zunächst als kreative, ehrgeizige Mitarbeiter, wie geschaffen für eine Führungsposition. Eine gewisse Brutalität und kräftige Ellbogen sind im Management ja durchaus gefragt. Erst mit der Zeit stellt sich heraus, dass diese Personen komplett teamunfähig sind und selbst mit den engsten Mitarbeitern (Sekretärin etc.) nicht auskommen. Hare sagt: «*Könnte ich die Psychopathen nicht im Gefängnis studieren – an der Wall Street würde ich genug von ihnen finden!*»

Sie schikanieren Mitarbeiter und verhalten sich unsozial und launisch. Doch manche Eigenschaften, die psychopathische Persönlichkeiten mitbringen, prädestinieren sie geradezu für die höhere Laufbahn. Narzisstisch, unfähig zum Mitgefühl und verantwortungslos, wie sie sind, tut es ihnen nicht weh, schnell und hart «im Sinne der Firma» zu entscheiden – auch wenn zahlreiche Mitarbeiter ihre Arbeit verlieren.

In diesen Zusammenhang passt auch der in jüngster Zeit vermehrt in den Medien aufgeführte Befund, dass die Angaben in Bewerbungsunterlagen zunehmend häufiger unkorrekt seien, bis hin zu eigentlichen Lügen über frühere berufliche Stationen oder Qualifikationen. Unternehmen würden zunehmend Detektivbüros damit beauftragen, stichprobenartig Angaben aus Bewerbungen zu überprüfen.

Da sich die Unternehmen damit aber auf die Dauer selbst schaden, haben Babiak und Hare eine 107 Punkte umfassende Checkliste («B-Scan 360») ausgearbeitet, ein Frühwarnsystem für Anstellungen in gehobenen Positionen.

Während US-Psychologen «Psychopathen» mittels präventiver Prüfung künftig aus der Wirtschaft vertreiben wollen, haben strenge Corporate-Governance-Regelungen und Ethik-Konzepte[33] tatsächlich bereits nachweisbare Erfolge gezeigt.

c) Entwicklung von Assessment-Instrumenten für Führungspersönlichkeiten

Die Gruppe um Kets de Vries[34] ist gegenwärtig dabei, ein diagnostisches Instrument, *Personality Audit* (PA), zu entwickeln, das als psychodynamisches Feedback-Instrument konzeptualisiert ist. Das Instrument stützt sich dabei auf vier Persönlichkeitsfaktoren: Gewissenhaftigkeit, Affektivität/Stimmung, Extraversion/Freundschaftlichkeit sowie Selbstbewusstsein/Durchsetzungsfähigkeit.

Daraus wurden sieben Persönlichkeitsdimensionen abgeleitet, die das Instrument[35] misst:
1. negativer versus positiver Selbstwert,
2. übermütige versus bedrückte Stimmung,
3. vertrauensvoll versus argwöhnisch,
4. introvertiert versus extravertiert,
5. bedacht versus wagemutig,
6. Laisser-faire versus gewissenhaft,
7. bestimmt versus zurückgenommen

Der erwähnte *B(usiness)-SCAN 360 (URL: http://www.b-scan.com/)* soll als eine Art Frühwarnsystem für Anstellungen in gehobenen Positionen dienen. Die derzeit gut 100 Punkte umfassende Psycho-Checkliste («impulsiv?», «Frustrationstoleranz?») ist noch in der Probephase. Dem Instrument wird aber bereits jetzt ein großes Marktpotentzial eingeräumt.

Doch was beim ersten Hinsehen als vielleicht vernünftiges Instrumentarium erscheint, erweist sich bei näherer Betrachtung als zweischneidiges Schwert. Sind Persönlichkeitstests tatsächlich treffsicher? Sind die Prinzipien «Rücksichtslosigkeit» (spitze Ellenbogen, Konkurrenz), «Gefühlsarmut» (Fähigkeit, «harte» Entscheidungen treffen zu können) als Erfolgskonzepte in der westlichen Business-Welt nicht durchaus gefragt, werden sie in den Kaderschmieden künftiger Führungskräfte nicht sogar anerzogen und gefördert? Und haben die «Psychopathen» nicht eben die Fähigkeit, sich in ihrem Antwortverhalten in Richtung «sozialer Akzeptanz» zu tarnen? Und was passiert, wenn sich jemand um eine bessere Stelle bewirbt und beim Test «durchfällt»? Kann er mit dem Stigma «potentieller Psychopath» überhaupt weiter in dem Unternehmen bleiben?

Parallelen bestehen auch zum sozialpsychologischen Konzept des so genannten «Machiavellismus». Damit ist auf der individuellen Handlungskompetenzebene die Fähigkeit gemeint, sich gut durchsetzen zu können (was nicht unbedingt mit einem Machtmotiv korreliert sein muss).[36] Zu diesem Konzept wurde auch eine Skala zur Messung des Durchsetzungvermögens entwickelt.[37]

Auf der Basis der Theorien von Psychopathie, malignem Narzissmus und *Sensation Seeking* hat sich im Zusammenhang mit Devianz und Delinquenz ein weiteres Konzept in den letzten Jahren herausgebildet, das insbesondere in der Militärpsychologie und Bekämpfung von Wirtschaftsdelikten[38] verbreitet ist: die Frage, ob jemand moralisch-charakterlich *integer* ist.[39,40]

Der Faktor Integrität korrespondiert hoch mit Diebstahl, Zerstörung von Firmeneigentum, Alkoholkonsum am Arbeitsplatz, schlechter Arbeitsleistungen und Aggressionen.

Es wurde inzwischen in Zusammenarbeit mit der TU Darmstadt ein Integritätsfragebogen[41] entwickelt, der folgende Dimensionen berücksichtigt[42] mit 151 Aussagen bzw. Fragen:[43]

- Leistungsmotivation,
- Umgang mit deviantem Verhalten von anderen,
- Eindeutigkeit der Definition von Ehrlichkeit,
- Einschätzung der eigenen Ehrlichkeit,
- Einschätzung der Ehrlichkeit anderer (z.B. «Jeder würde etwas stehlen, wenn er wüsste, dass er nicht erwischt wird.»)
- Nachdenken über deviantes Verhalten,
- Deviantes Verhalten und Erfolg,
- Rationalisierung oder Toleranz von deviantem Verhalten (z.B.: «So schlecht, wie einige Mitarbeiter von ihrer Firma bezahlt werden, ist es kein Wunder, dass sie auch einmal etwas klauen.»)
- Mangel an Gewissenhaftigkeit.

Die beiden letzten Faktoren erschienen von besonderer Bedeutung.[44] Daneben gibt es noch einen anderen Test, das *Persönlichkeitsinventar zur Integritätsabschätzung (PIA)* von Prof. Heinz Schuler. Diese Korruptionstest sind jedoch bis heute ausserhalb der USA nur wenig eingesetzt worden und wurden auch kritisiert.[45] Ein Spiel, das auch als Gruppeninstrument verwendet kann, wurde jüngst von Hugentobler, Oettli und Ruckstuhl[46] vorgelegt. Es nennt sich *Personality Poker* und kann als Werkzeug für die Entwicklung von (Führungs-) Teams, (Projekt-)Gruppen und Individuen eingesetzt werden.

d) Der Gegentyp: Produktive oder erfolgreiche Narzissten

Nach Maccoby[47], der die Biographien von 500 Wirtschaftsführern näher untersuchte, sind *produktive Narzissten* begnadete und kreative Strategen, die das ganze Bild sehen und Sinn finden in (manchmal risikoreichen) Vorschlägen, die Welt zu verändern. Die Gesellschaft benötigt sie insbesondere dafür, kühne und avantgardistische Veränderungen in Politik und Wirtschaft durchzuführen, die bekanntlich immer wieder notwendig werden. Auch hätten produktive Narzissten die Fähigkeit, andere Menschen mitzureissen. Allerdings kann der Narzissmus in das Unproduktive oder Destruktive umschlagen, wenn die Narzissten «den Boden unter den Füssen» verlieren und immer mehr «ins Träumen» geraten. Die Achillesferse des Narzissmus sind seine Tendenz zur Grandiosität und das tiefsitzende Misstrauen. Selbst brillante Narzissten können – nicht zuletzt unter erheblichem Druck – paranoid-misstrauisch werden.

Interessanterweise nennt Kets de Vries[48] bei erfolgreichen Führern familiäre Hintergründe, die man auch bei narzisstischen Persönlichkeiten überzufällig häufig trifft (dominante Mütter, enges Mutter-Sohn-Verhältnis, abwesende Väter). Ein Gedanke, den im übrigen Freud schon 1917 im Zusammenhang mit Goethe vermutete.

Unter der Frage nach den lebensgeschichtlichen Voraussetzungen jenes persönlichen Mutes, durch den Goethe (wie sein Faust) ausgezeichnet sei, analysierte Freud 1917 in dem Aufsatz «Eine Kindheitserinnerung aus *Dichtung und Wahrheit*» die Episode vom zerbrochenen Geschirr. Sie wird von Freud als Deckerinnerung interpretiert, mit der Goethe zu Beginn seiner Lebensgeschichte unbewusst den Kern seines Wesens mitteile. Ihr unausgesprochener Sinn sei: «Meine Stärke wurzelt in meinem Verhältnis zur Mutter», deren erstgeborener Sohn und erklärter Liebling Goethe war. Eben jene unbestrittene Liebe der Mutter ist es, die «fürs Leben jenes Eroberergefühl, jene Zuversicht des Erfolges [erzeugt], welche nicht selten den Erfolg wirklich nach sich zieht». Die Äußerung hat einen verborgenen Sinn, insofern Freud sich selbst als erstgeborenen und unbestrittenen Liebling seiner Mutter verstand und sich als Wissenschaftler das Gefühl des Eroberers zuschrieb. Im Bereich der Naturforschung wird der männliche Mut zum – Goethe und Freud auszeichnenden – faustischen Forschungsdrang. Die frühe Liebe der Mutter führt zur Fähigkeit, die «sexuellen» Geheimnisse der Mutter Natur zu entdecken und die Erkenntnis gegen den väterlichen Zwang von Gesellschaft und Über-Ich zu behaupten.

«Gesunde Führer haben eine Begabung für Selbstbeobachtung und Selbstanalyse», schreibt Kets de Vries. «Die Besten sind sehr motiviert, Zeit für Selbstreflexion zu verwenden. Ihr Leben ist ausgeglichen, sie spielen, sind kreativ und einfallsreich und haben die Fähigkeit zur Nonkonformität. Jene, die den Wahnsinn in sich selbst akzeptieren, sind vielleicht die gesündesten Führer von allen.»[49]

Gerade weil heute immer mehr Narzissten an der Spitze vieler Unternehmen sind – während es früher vielleicht eher autoritäre Charaktere waren –, muss gewährleistet werden, dass sich Führende nicht selbst zerstören oder die Organisation letztlich in eine Desaster führen. Maccoby schlägt dazu einige Strategien vor. Die Hauptstärken liegen somit in den «grossen Visionen» und der Fähigkeit, «Gefolgschaft anzuziehen». Dabei sind das Charisma und die manchmal hervorstechenden rhetorischen Fähigkeiten von Bedeutung. Andererseits sind Narzissten sehr abhängig von der Bestätigung und Bewunderung seitens ihrer Umwelt («it fosters both closeness and isolation»). Dies fördert die Unterwürfigkeit von Mitarbeitern. Hinzukommt die Schwäche narzisstischer Führer, andere «Menschen wirklich differenziert zu berurteilen».[50] Je erfolgreicher narzisstische Manager sind, umso klarer treten auch ihre charakteristischen Schwächen zu Tage: die Unfähigkeit, mit Kritik umzugehen, bzw. sich sehr unwohl zu fühlen, wenn Negatives von Mitarbeitern vorgebracht würde.[51] Durch ihre Unfähigkeit zur Kritik, ihren Mangel an Empathie und Akzeptanz für Fehler anderer ziehen sie bald den Unmut ihrer Umwelt auf sich. Sie sind ständig, auch wenn es nicht notwendig ist, stark wettbewerborientiert und haben Mühe, einen Mentor zu akzeptieren.

Als Prototypen des erfolgreichen Narzissten beschreibt Maccoby den früheren US-amerikanischen Präsidenten Bill Clinton. Interessanterweise sind sowohl Clinton wie der neue, dynamische und resultatorientierte französische Staatspräsident Sarkozy weitgehend vaterlos aufgewachsen, was psychodynamisch gut mit Ehrgeiz als Wunsch nach ausgebliebener väterlicher Anerkennung, verfrühter Übernahme der väterlichen Rolle den Müttern gegenüber, aber auch symbolisiertem «Vatermord» den älteren Konkurrenten gegenüber in Verbindung gebracht werden kann.

Selbstverständlich gibt es auch «gesunde» Persönlichkeiten, die ebenso auf andere Personen bezogen sind und eine höhere Karriere anstreben, wenngleich aus anderen Motiven als dem Wunsch nach Gestaltungsmöglichkeiten, Verantwortung etc.

Auch Collins beschreibt, dass bei zwei Dritteln der Firmen, die nicht über einen hochkarätigen und menschlichen bedeutenden Führer (Level 5) verfügten, das «*riesige Ego* zum Untergang der Firma betrug»[52]. Um diese Stufe zu erreichen, müssen verschiedene Aspekte zusammenkommen wie die Fähigkeit zur Selbstreflektion, ein Mentor, elterliche Liebe, die man erfahren hat, Lebenserfahrung etc.

Collins[53] benennt als solche – oft persönlich bescheidenen – idealen Wirtschaftsführer (für die USA):
- Darwin E. Smith (1971–1991 CEO von Kimberley-Clark),
- Colman M. Mockler (1975–1991 CEO von Gillette),
- Charles R. Walgreen III (1969–1999 Chef von Walgreen),
- Alan Wurtzel (früherer CEO von Circuit City Stores Inc.).

Diejenigen Führer, die nach Kramer (2003) «auf dem Boden bleiben», d.h. nach oben kommen und auch dort zu bleiben vermögen, zeichnen sich durch fünf Aspekte in ihrem Verhalten aus:
1. Sie vereinfachen ihr Leben, bleiben bescheiden und ‹schrecklich gewöhnlich›.
2. Sie sprechen ihre Schwächen an, statt dass sie diese zu vertuschen versuchen.
3. Sie setzen Probeballone aus, um die Wahrheit aufzudecken und sich auf das Unerwartete vorzubereiten.
4. Sie ärgern sich nicht über den Kleinkram bzw. kümmern sich auch Details.
5. Sie überlegen mehr, nicht weniger.[54]

Auch Rust (2002) wirft die Frage auf, was es für Eigenschaften sind, die manchen Managern, die möglicherweise sogar «selbstbewusst bis zur Eitelkeit und mitunter eitel bis an den Rand des Narzissmus» sind, ermöglicht, im richtigen Augenblick abbremsen zu können, nicht aus der Kurve zu fliegen. Die Antwort ist einfach: «Ihr Selbstbewusstsein gründet im nachweislichen Erfolg ihrer beruflichen Aufgabe. Es scheint zwar manchmal, als ginge es um blosse Selbstinszenierung. Aber der erste Eindruck kann täuschen.» Entscheidend ist somit der Unterschied zwischen
- *echtem*, d.h. begründetem und mit tatsächlichen Erfahrungen und Leistungen verbundenem – *Selbstbewusstsein* und
- *Narzissmus*, der als letztlich unverbundenes und unbegründetes *Pseudo-Selbstbewusstsein* bezeichnet werden könnte.

Es ist deshalb auch vor einer zu schnellen Attribuierung in Richtung «Narzissmus» zu warnen. Mancher eitel wirkende Pfau der Wirtschaftswelt (Rust[55] nennt etwa den Burladinger Trigema-Fabrikaten Wolfgang Grupp) ist in Wirklichkeit fundierter, als es scheint. Eitelkeit, verbunden mit Arbeitswut, macht noch keinen echten Narzissten aus.

e) Forensische Wirtschaftspsychologie

Analog der Arbeiten von Hare und Babiak wird auch von Forensischen Psychiatern das Phänomen der Wirtschaftskriminalität zunehmend entdeckt. Knecht[56] unterscheidet zum Beispiel die Wirtschaftskriminellen, die er als adaptiert und bestens vernetzt, als so genannte «Weisskragen-Delinquenten»[57] beschreibt, von den typischen Kriminellen («blue collar») mit abgebrochener Ausbildung und Herkunft aus der Unterschicht. Beschrieben wird bei dieser Gruppe – wie bei den Psychopathen auch: überdurchschnittliche Risikobereitschaft, starkes Konkurrenzdenken, Gier nach Anerkennung, Impulsivität, Narzissmus, Gewissenlosigkeit, hoher Reizhunger und der Wunsch, Bedürfnisse sofort zu befriedigen.[58]

Allerdings bleibt bei diesem deskriptiven Ansatz – den ich als Kehrseite zur klassischen Wirtschaftspsychologie sehen möchte, die die Psychopathen (Pathologie) gar nicht kennt – offen, warum in dem einen Fall solche Eigenschaften zum Erfolg führen und im anderen nicht. Auch bleibt unklar, ob es sich wirklich um eine andere Tätertypologie handelt oder die kriminelle Energie und Antisozialität nur auf einem anderen sozialen Niveau stattfindet. Unklar bleibt auch[59], dass beruflicher und sozialer Aufstieg eigentlich einen Selektionsmechanismus in Richtung von weniger Delinquenz darstellen, der sich dann doch als weniger tragfähig erweist. Knecht[60] versucht, das Problem mit dem Unterschied von Antisozialität (blue-collar) und Psychopathie und Machiavellistische Intelligenz (white-collar) zu erklären.

Es sollte auch nicht jede (kriminelle) Bereicherung, die es im Wirtschaftsbereich ebenso gibt wie in anderen Berufsfeldern (nur dass eben der Schaden dort oft dramatisch höher ist), mit «Psychopathie» im Sinne einer basalen (wohl auch teilweise neurobiologisch bedingten) Amoralität gleichgesetzt werden.

Dies zeigt auch eine kürzlich von der Wirtschaftsprüfungsfirma KPMG veröffentlichte Studie[61] zur Wirtschaftskriminalität. Anhand von 360 Fällen zeigte sich, dass es sich in der Regel um männliche Mitarbeiter zwischen 36 und 55 Jahren handelt, seit mehreren (meist mehr als 6) Jahren in einem Unternehmen tätig, oft in der Finanzabteilung oder im Einkauf, die meist ungenügende interne Kontrollen ausnützen, um sich zu bereichern. Die Motive sind Geldgier, hohe Schulden, schlechte Wirtschaftslage, Neid auf hohe Boni der Konkurrenten und eine sich bietende Gelegenheit, die zum Delikt verleiten. Die Durchschnittsdeliktsumme betrug in diesen Fällen aus mehreren Kontinenten 1 Million Euro.

Über 60 Prozent der Täter gehören dem oberen Management an. Gerade Topkader verfügen über vertrauliche Informationen. Dank ihrer Stellung können sie interne Kontrollen leichter übergehen und dadurch insgesamt mehr Schaden anrichten. Wirtschaftskriminelle, das zeigt die Studie weiter, sind in der Regel Wiederholungstäter. In 91 Prozent der untersuchten Fälle begehen sie mehrere Delikte, bis sie entdeckt werden. Fast immer werden die Delikte über einen längeren Zeitraum begangen; in rund 76 Prozent der Fälle erstrecken sich die Taten über mehr als sechs Monate, in 33 Prozent über drei und mehr Jahre. Aus Angst vor Imageschaden werden Mitarbeiter, Behörden und Medien selten informiert.

Es steht ausser Zweifel, dass das Phänomen der Wirtschaftskriminalität von Managern vermehrt Beachtung findet und ihm proaktiver begegnet wird[62], allerdings scheint nur ein kleinerer Teil der Wirtschaftstäter dem Typus der extrem narzisstischen oder gar psychopathischen Persönlichkeit zu entsprechen.

Grössere Wirtschaftsprüfungsunternehmen wie PricewaterhouseCoopers (PWC) oder Ernst & Young unterhalten eigene forensische Abteilungen, da schätzungsweise 20% aller Firmen (in der Schweiz) Opfer von Wirtschaftsdelikten wurden. Geschätzt wird ein Schaden – auf alle US-amerikanischen Firmen gerechnet – von 5% des Jahresumsatzes. In der Schweiz wurde die Summe der Wirtschaftsdelikte 2002 vom Bundesamt für Polizei mit 3 bis 5,4 Milliarden Franken angegeben.[63] Inzwischen wurde sogar in der Schweiz eine Expertenvereinigung «Bekämpfung der Wirtschaftskriminaliät» (SEBWK) gegründet.[64]

In jüngster Zeit wurden auch Formen extremer Gewalt am Arbeitsplatz mit Persönlichkeitsstörungen in Verbindung gebracht, etwa von zerstörerischen Wutanfällen, die in den USA als «Workplace Violence» beschrieben werden, amokartigen Rachefeldzügen mit Todesopfern:[65]

«Es gibt eine erste Studie, die sich mit schweren Gewaltdelikten am Arbeitsplatz auseinandersetzt. Die Untersuchung wurde finanziert vom Team Psychologie & Sicherheit, einem Verbund von Kriminal- und ehemaligen Polizeipsychologen, und gemeinsam mit der Arbeitsstelle für Forensische Psychologie der TU Darmstadt durchgeführt. Der Psychologe Jens Hoffmann ist einer der Autoren. Er beschreibt die verschiedenen Phasen, die ein Täter durchläuft.

In der ersten findet meist eine Kränkung des Selbstwertgefühls statt. Das kann die Versetzung in eine andere Abteilung sein oder die Beförderung eines anderen Mitarbeiters. In der zweiten Stufe beschäftigt sich der Täter mit Gewalt als Lösung. ‹Es sind Sätze wie *Die werden noch sehen, was sie davon haben*, bei denen man nachdenklich werden sollte›, sagt Hoffmann. In der dritten Phase plant der Mitarbeiter seine Tat, besorgt sich eine Waffe, denkt über mögliche Opfer nach. In der vierten Phase finden sogenannte ‹Abschiedshandlungen› statt. Der Täter verschenkt persönliche Gegenstände, ordnet seine Sachen. Schließlich, in der fünften Phase, geschieht die Tat. Hoffmann, der 20 Fälle untersucht hat und dessen Team Dax-Unternehmen berät, hat festgestellt, dass eine Krisenintervention während der zweiten Phase oft helfen kann. ‹Wichtig ist, dem auffälligen Mitarbeiter andere Möglichkeiten aufzuzeigen. Der Arbeitgeber darf seinen Mitarbeitern nicht das Gefühl geben, in eine ausweglose Situation geraten zu sein›, sagt der Psychologe. Besonders bei Entlassungen würden zudem floskelhafte Formulierungen und Massenbriefe Konflikte schüren. ‹Oft raten wir Unternehmen, auffällig gewordenen Mitarbeitern nicht gleich zu kündigen. Wenn man sie im Betrieb behält, hat man sie wenigstens noch halbwegs unter Kontrolle.› Vieles käme auf die Sensibilität der Vorgesetzten an. Doch wegen der sich heutzutage immer schneller ändernden Strukturen in Unternehmen befänden sich viele Psycho- und Soziopathen gerade dort: in den Führungsebenen der Unternehmen. ‹Psychopathen sind Meister der Manipulation›, sagt Hoffmann, ‹sie sind geübt in zielgerichteten Umschmeichelungen und darin, schnell andere Menschen für sich einzunehmen.› Ihre Mängel im sozialen Bereich hingegen kommen in Zeiten, in denen Vorgesetzte oft Abteilungen wechseln, nicht zutage. Deshalb klettern sie heutzutage sehr schnell die Karriereleiter nach oben.»

7. Wie Gruppen destruktiv werden können

7. Wie Gruppen destruktiv werden können

Destruktive Entwicklungen können nicht nur direkt von pathologischen Führungspersönlichkeiten ausgelöst werden, sondern auch durch spezifische gruppendynamische Prozesse, die in Arbeitsgruppen und Managementteams auftreten können. Insbesondere wenn der Führer der Gruppe pathologische Züge hat, werden solche Prozesse ausgelöst, die das gesamte «Funktionsniveau» einer Gruppe in Frage stellen können. Die Gruppe (Organisation, Team) selbst funktioniert dann u. U. über länger Zeit massiv dysfunktional und «gestört».

In seinem Buch «Der Weg des Menschen nach der chassidischen Lehre» (1960) wirft Martin Buber die Frage auf, die er als das *«tiefste und schwierigste Problem unseres Lebens»* betrachtet, nämlich *«die wahre Quelle von zwischenmenschlichen Konflikten»*.[1] Das Bedürfnis, sich die Beschäftigung mit Konflikten zu ersparen, wird in Organisationen dennoch immer präsent sein.[2]

«Es bedarf daher einer ständigen bewußten *integrativen Anstrengung* der Organisation, um das zu erreichen, was Bion den Zustand einer *Arbeitsgruppe* genannt hat.[3] In diesem Zustand ist eine Gruppe oder eine Organisation an der jeweiligen Aufgabe ausgerichtet und zu einer rationalen und relativ spannungsfreien Leitung und Gefolgschaft in der Lage. Die Realität der Gruppe und der Umwelt kann angemessen berücksichtigt werden und die Arbeit der Gruppe wird nicht von unbewußten Dynamiken der «Anti-Aufgaben-Orientierung» in ihrer Arbeitsfähigkeit beeinträchtigt. Den regressiven Zustand einer Arbeitsgruppe oder Organisation bezeichnete Bion demgegenüber als Zustand der *Grundannahmengruppe*[4], in dem die psychosozialen Abwehrmechanismen überwiegen und damit auf Kosten der Realitätswahrnehmung eine künstliche Beruhigung erreicht wird. Jedoch ist wichtig zu bedenken, daß jede Gruppe oder Institution in gewisser Weise beständig zwischen den beiden Polen von *Arbeitsgruppe* und *Grundannahmengruppe* oszilliert und der Zustand der *Arbeitsgruppe* immer wieder aufs Neue erarbeitet werden muß.»[5]

Die Bedeutung des Modells von Bion liegt darin, gezeigt zu haben, dass allen Gruppen gemeinsam die Existenz eines Führers ist, ob er als solcher definiert wurde oder nicht. Gruppen sind in ihrem unbewussten Leben wesentlich immer mit ihrem unsicheren Zusammenhalt beschäftigt, kämpfen also quasi um das «innere Überleben». Dabei kommt der Figur des Führers eine wesentliche Bedeutung zu.

«Das Lernen in *unstrukturierten Gruppen* kennen viele von uns gut aus Selbsterfahrungsgruppen, besonders eindrucksvoll aus Großgruppenveranstaltungen. Fehlt eine klare Struktur und Aufgabe, kommt es in der Regel rasch zu einer Regression in der Gruppe, in der archaischere Teile der Person, der Gefühle und des Verhaltens aktiviert werden: Fragmentierungs- und Verlassenheitsängste, heftige Wut und die Verführung, in einem ‹Mob› lustvoll destruktiv zu sein. Die Lockerung der Struktur erlaubt Kreativität und Phantasien, aber auch repressiven Gruppendruck und den Modus des ‹Groupthink›, also der gemeinsamen Verzerrung der Realität.»[6]

Narzisstische Gruppendynamik[7] oder -problematik und narzisstische Individualpathologie greifen so ineinander: «Die Dimensionen der narzisstischen und paranoiden Regression treten so als grosse Achsen auf, um die herum sich regressive soziale Pathologie kristallisiert; sie verbinden die Psychopathologie des Führers sowohl mit der Natur der Regression in kleinen und grossen unstrukturierten Gruppen als auch mit der regressiven Qualität paranoider Massenbewegungen und ideologischer Gebilde.»[8]

Man konnte also aus psychodynamischer Perspektive formulieren, dass der massive (regressive) Druck, der auf den Führer – aber komplementär auch auf die Gruppe – ausgeübt wird, aus drei primären Bedürfnissen entsteht:

- Aggression
- Sexualität
- Abhängigkeit.

Kernberg beschreibt in seinem Buch «Ideologie, Konflikt und Führung» (1998, dt. 2000), wie diese Aspekte in Gruppen und Organisationen zwangsläufig aktiviert werden und welche psychodynamischen Aspekte dabei eine Rolle spielen.

Im Idealfall gelingt es dem Führer und der Gruppe, diese Bedürfnisse weder zu verleugnen noch auszuagieren, sondern sie in einer sublimierten Form auszuleben, um sowohl die kreative Produktivität als auch den Zusammenhalt der Gesamtgruppe zu steigern und beide Kräfte in eine Balance zu bringen. Allerdings ist die Gefahr gross, dass narzisstische Führer die intensive Identifikation ihrer Gefolgsleute für ihre Ziele unethisch ausnutzen.[9]

a) Arbeitsgruppen und Grundannahmengruppen: Der Ansatz von Bion

Der englische Psychoanalytiker W.R. Bion schilderte in seinen Schriften zur Gruppendynamik[10] – ausgehend von seinen Armee-Erfahrungen mit der «führerlosen Gruppe» und Erfahrungen an der Tavistock-Clinic in London mit therapeutischen Gruppen – typische Gruppenkonstellationen und Gruppenfunktionsniveaus, die bei der Teamarbeit entstehen können.

Er unterscheidet dabei zwei grundsätzliche Funktionsniveaus von Gruppen: die rationaleren oder besser *differenzierteren Arbeitsgruppen* und die – von stärker unbewussten Prozessen und Affekten geprägten – *undifferenzierteren Grundannahmengruppen*.

Die Arbeitsgruppe «besteht in der Tendenz der Gruppe, sich selbst eine differenzierte Struktur zu geben, als Organisationsform, Verfahrensregel, Geschäftsordnung etc., um sich vor den mit der Grundannahmen-Gruppe verbundenen Affektzuständen zu schützen.

Gleichzeitig beinhaltet die Arbeitsgruppe als Verwaltungsaspekt des Gruppenprozesses die Auseinandersetzung mit der Realität, was ein auf Rationalität fußendes, insofern wissenschaftliches Handeln sowie Vitalität mit einschließt. Dieses Zusammenwirken der Mitglieder in der Arbeitsgruppe als bewußtes-unbewußtes Handeln bei der Arbeit belegt Bion mit dem Begriff *Kooperation*. Kooperation erfordert ein Mindestmaß an sozialer Fähigkeit, ein Bewußtsein der Aufgabe und verbalen (-rationalen) Austausch.[11]

Die *drei Grundannahmengruppen*, wie Bion sie nennt, lassen sich nochmals, nach dem dominierenden Thema, in

1) die Grundannahme der Abhängigkeit,
2) die Grundannahme von Kampf und Flucht und
3) die Grundannahme der Paarbildung unterscheiden.

Es wird der Gruppe sozusagen unterstellt, sie handle nach einem gemeinsamen unbewussten Wunsch. Der psychodynamische Modus, den Bion zur Entstehung solcher Gruppenprozesse verwendet, ist die *Regression*. Analog der psychoanalytischen Theorie von Individuen postulierte Bion, dass sich auch in Gruppen ähnliche Prozesse beschreiben lassen. Das heisst, so wie Individuen unter erheblicher Belastung regredieren können, gilt dies auch für eine ganze Gruppe. Die Ursache dieser Regression vermutet Bion in der Anforderung, die ein Gruppenmitglied zu bewältigen hat und in welcher es sich der Gruppe hilflos gegenübersieht: Jedes Mitglied muss Kontakt mit dem affektiven Leben der Gruppe herstellen, von der es aufgenommen wird, und diese Situation ähnelt der des

Neugeborenen gegenüber der Mutter. Folge der Auflösung der individuellen Ich-Grenzen in dieser Regression ist ein Zustand, der einer Depersonalisation gleichkommt. Bions gruppendynamische Kernthese ist nun, dass die Wahrnehmung der Mitglieder, die Gruppe sei ein Ganzes, lediglich eine «Phantasie» sei – die Grenzen werden als gemeinsame nach außen verlagert. Also ist auch die Wahrnehmung eines «Gruppengefühls» durch einen außenstehenden Beobachter für Bion Beweis und Resultat einer bereits vollzogenen Regression.

1. Bion hat besonders über die «*Grundannahme der Abhängigkeit*» gearbeitet. Der Grund liegt wahrscheinlich darin, daß diese Konstellation in therapeutischen Gruppen besonders häufig anzutreffen ist. Die Grundannahme besteht in der Überzeugung, daß «die Gruppe zusammengekommen sei, um Schutz und Nahrung zu erhalten von einem äußeren Objekt, als welches meist der Gruppenleiter angesehen wird. Dieser Fütterungswunsch gleicht dabei einer magischen Erwartung mit der Vorstellung, dadurch Gefühle von Unsicherheit oder Bedrohung beim Einzelnen zu eliminieren.»[12] Wenn diese Erwartungen unerfüllt bleiben, treten starke Gefühle von Enttäuschung und Frustration auf. Dabei ist die Gruppe häufig nicht fähig, auf eine Deutung zu reagieren und die Stimmung zu bessern.

Diese Grundannahme (als unbewußtes Schema, das die Selbstdefinition sowie die Beziehungen zur Umwelt determiniert) kann – etwa durch die Idealisierung des Führenden – Auswirkungen auf das Funktionieren in wirtschaftlichen Organisationen haben.

2. Der Grundgedanke der «*Kampf-und-Flucht-Gruppe*» besteht in der Überzeugung, «dass eine Selbsterhaltung der Gruppe nur mittels Kampf oder mittels Flucht möglich ist; daher werden Handlungsmodalitäten, die andere Möglichkeiten der Betätigung mit einschließen, unterdrückt. ... Der Anspruch an den Führer ist hier, er solle eine Art Anführer oder Feldherr sein, seine Aufgabe sei es, wachzurütteln, mobil zu machen oder Hass zu schüren. Der Anführer muss an die Mitglieder Ansprüche stellen, die die Möglichkeit der Anwendung von Gewaltmitteln einräumen oder bereitstellen, andernfalls wird er ignoriert.»[13]

Auch diese Grundannahme (als unbewusst selbstdefinitorisch wirksames Schema oder als Gruppendynamik) kann erhebliche Auswirkungen auf das Funktionieren im Managementalltag haben und die sachgerechte Erledigung der Arbeitsaufgaben beeinträchtigen und darüber hinaus intensive irrationale Emotionen freisetzen.

Im Mittelpunkt des Kampf/Flucht-Themas steht die Furcht, dass es irgendwo einen gefährlichen Feind gibt, vor dem man sich schützen muss. Mitglieder dieser Gruppen spalten ihre Kollegen etc. in gut und böse auf und verleugnen Gedanken, dass Misserfolg auf eigenes Handeln zurückzuführen sei. Der Gruppenleiter hat die Aufgabe, das Handlungspotential zu mobilisieren. Beim damit verwandten Angriff oder Verteidigungsthema können virulente paranoide Szenarien entstehen (Feinde werden aufgespürt und bekämpft; Konflikte in der Organisation dagegen werden vermieden, d. h. es kommt zu einer Art Abschottung nach innen, um eigene Sicherheit zu erhöhen). Ein Beispiel wäre eine Firma, die nahezu alle Aktivitäten gegen die Konkurrenz ausrichtet, anstatt Kundenwünsche zu berücksichtigen.

3. Auf die «*Grundannahme der Paarbildung*» kam Bion auf Grund der Beobachtung, dass zwei aus einer Gruppe «ins Gespräch miteinander» kamen, während sich in der übrigen Gruppe aufmerksames Schweigen einstellte. «Die Gruppe denkt oder tut so, als gehe es um Sexualität, obgleich das Geschlecht der beiden nebensächlich ist. Daher hat die Gruppe Verständnis für das Interesse der beiden aneinander, stellt anderweitige Probleme zurück, gewährt Raum. Während des ‹Vorgangs› schweigen die beiden «Auserwählten» meist, beide wissen, dass es ihnen nicht wirklich um eine sexuelle Beziehung geht, oder zumindest nicht in dieser Öffentlichkeit. Im weiteren Prozess wird häufig Angst vor dem Zerfall der Gruppe Hauptthema, z. B. indem Fehlen getadelt wird oder abwesende Mitglieder als Gefahr hingestellt werden, während Erscheinen gelobt wird. Es gilt die Meinung, dass das Zusammenkommen wegen des Gruppenzusammenhalts wichtig ist.»[14]
«Das pathologische an dieser Grundannahme wird daran deutlich, dass die Hoffnung nie eingelöst werden darf. Entweder wird die Utopie in unerreichbare Ferne gerückt oder Angehörige der Gruppe werden zu Spezialisten, die Utopie immer wieder zu zerstören. Bion vergleicht diese Situation mit der Bildung eines ungeborenen Messias, der, sollte er doch einmal liquidiert werden müssen, wieder neu erschaffen werden muss.»[15] Im Mittelpunkt der unbewussten Phantasien steht die messianische Hoffnung, dass sich künftig alles zum Guten wenden wird, und dass die Gruppenmitglieder von ihren Ängsten und Konflikten völlig befreit werden. Auch hier sind die Erwartungen viel zu hoch und können von niemandem erfüllt werden, deswegen ist Enttäuschung vorprogram-

miert, Desillusionierung und Verzweiflung bleiben. Diese Gruppen konzentrieren sich vor allem auf phantastische und großartige Zukunftsprojekte oder auf drängende Probleme der Gegenwart. Erfahrungen aus der Vergangenheit werden dagegen vernachlässigt. Letztere findet sich als «geronnener Stil» häufiger in Forschungs- und Entwicklungsabteilungen großer Unternehmen.

Zwischen den einzelnen Grundannahmen gibt es nach Bion keinen Konflikt, sie bestehen nebeneinander und können sich ablösen. Der Konflikt besteht zwischen der Arbeitsgruppe und den Grundannahmen, wobei sich die Grundannahmen als Stagnation auswirken. Die Grundannahmen manifestieren eine Form des Widerstands gegen Veränderung und Entwicklung auf der Ebene der Arbeitsgruppe. Die Grundannahmen ihrerseits haben nach Bion eine Abwehrfunktion gegen eine archaische Vernichtungsangst. Die Grundannahmen erleichtern es auch den Mitgliedern, sich konform zu verhalten. Zusammengefasst ist allen drei Grundannahmen Folgendes gemeinsam: Stärkung der Gruppenkohäsion, Abwehr gegen archaische Ängste, Hemmung der Arbeitsgruppe, Führerbezogenheit, Wunschnähe, Ahistorizität, Stagnation anstatt Entwicklung.

In natürlichen Gruppen behält nach Bion die realitätsbezogene Arbeitsgruppenfunktion meist die Oberhand über die wunschbezogene Grundannahmen-Gruppe, denn die Strukturlosigkeit wird in der Gruppe als angstmachend erlebt und ruft Organisationstendenzen als Abwehr der mit den Grundannahmen verbundenen affektiven Tendenzen wach. Wie Freud[16] geht Bion auch von dem Phänomen der «*Gefühlsansteckung*» aus.

Im Gegensatz zu anderen Gruppentheorien (etwa Foulkes «Gruppenmatrix»), die davon ausgehen, dass die Gruppe (durch ihre systemische Funktion) eine neue Qualität in den Sozialbeziehungen bewirkt, geht Bion nicht davon aus, dass die Gruppe mehr darstellt als ihre Einzelmitglieder. Insofern können einzelne pathologische Persönlichkeiten – zum Beispiel mit schweren Persönlichkeitsstörungen – massive Gruppendynamiken in Gruppen auslösen, ohne dass die Gruppe sich dem ohne weiteres entziehen kann.

Bion betont, dass es für Gruppen wichtig ist, dass sie immer wieder von aussen mit Veränderungsdruck konfrontiert werden, was zwar zu einer Erschütterung führt, gleichzeitig aber die Kreativität der Gruppe fördert und Ideologisierungsneigungen vorbeugt.

Der Leiter der Grundannahmen-Gruppe wird durch die Gruppenregression von seiner Führungsrolle absorbiert. Er ist «im Grunde ein Gefangener der Gruppenatmosphäre, oder genauer: Die Gruppe benutzt seine Persönlichkeitseigenschaften für ihre eigenen Zwecke. Im Gegensatz dazu verfügt der Leiter der Arbeitsgruppe über einen rationalen Zugang zur Realität, und er ist sich der Grenzen der Gruppen bewusst.»[17]

W. Gordon Lawrence[18] vertritt zu Bion die Ansicht, dass jede Organisation immer zwischen den beiden Polen «Narzissmus» auf der einen und «Sozialismus» auf der anderen Seite vermitteln muss. Beide Tendenzen in Reinform – also ego-zentrisch versus sozio-zentrisch –, die mit spezifischen Emotionen vergesellschaftet sind, führen zu extremen Konsequenzen für die Organisation. Im Augenblick findet sicherlich eher eine Betonung des «narzisstischen Pols» in den Gruppen und Organisationen der Arbeitswelt statt. (Zum Beispiel die offen begründete Tendenz, ältere oder angeblich nicht mehr voll funktionstüchtige Mitarbeiter frühzeitig zu pensionieren oder möglichst viele Bereiche auszulagern.)

b) Narzisstische Gruppe und narzissistischer Führer: Der Ansatz von Volkan

Der turko-amerikanische Psychoanalytiker Vamik D. Volkan hat in einigen Schriften[19] den Zusammenhang zwischen Narzissmus des Gruppenführers und narzisstisch-regressiven Prozessen in (z.B. ideologisch radikalisierten) Gruppen näher beleuchtet. Wie Kernberg unterscheidet auch Volkan zwischen gesunden (benignen) und kranken (malignen) narzisstischen Führern. *«Im Fall benigner narzisstischer Führer stabilisiert sich die Selbstüberhöhung des Führers über den Wunsch seiner Anhänger, ihn zu idealisieren und ihn in seiner Überlegenheit und Vollkommenheit zu bestätigen.* Über Idealisierung der Gruppenidentität und Verleugnung depressiver Affekte angesichts von Verlusten und Niederlagen in der Vergangenheit stützen diese von Volkan als ‹reparativ› bezeichneten narzisstischen Führer Hoffnung und Selbstwert der Gruppen, aber auch des Einzelnen.»[20] Beim malignen, destruktiven Narzissmus reicht diese Dynamik zur gegenseitigen kollusiven Stabilisierung jedoch nicht aus, sondern es braucht die Demoralisierung, Entwertung oder Vernichtung anderer, um die eigene (individuelle oder gruppendynamische) Illusion von Grandiosität und Allmächtigkeit aufrechterhalten zu können.

Die narzisstische (oder auch paranoide) Regression dient dabei der Reduktion von Gefühlen von Panik, Chaos oder Angst, etwa nach traumatischen Ereignissen. Solche regredierten Gruppen grenzen sich scharf von anderen ab, die sie als ihre «Feinde» sehen, und neigen zu magisch anmutendem Denken.[21]

Volkan[22] beschreibt Schlüsselsymptome der Grossgruppen-Regression:

1. Eine übertriebene Reaktivierung von *Helden* und *ruhmreichen Ereignissen (chosen glories)* (z. B. Nürnberger Parteitag der NSDAP).

2. *Gewählte Traumata*, die zur Identitätsbildung dienen und jederzeit reaktiviert werden können, als seien sie nicht in der Vergangenheit passiert, was Volkan als «Zeitkollaps» bezeichnet (Reaktivierung der Schlacht auf dem Amselfeld 1389 durch Milošević in Serbien).

3. *Reinigungsrituale* innerhalb der Grossgruppe («Säuberungen» unter Stalin).

Dabei machen sich die narzisstischen Führer ihre Persönlichkeitsstruktur zunutze, um diese Aspekte zu aktivieren.

Bei aller Skepsis in diesem Bereich bleibt dennoch für Gruppen festzustellen: *«Die Fähigkeit von Individuen und Gruppen, ihren Führern zu vertrauen, wenn diese offen sind und Verantwortung übernehmen, ist ebenso gross wie ihre Fähigkeit zu schwerer paranoider Regression.»*[23]

c) Organisationen als Organismen

Gabriel und Schwartz[24] haben eindrücklich gezeigt, dass Organisationen als Konstrukte zu verstehen sind und deren Wahrnehmung stark von der individuellen Persönlichkeit (Wünschen, Phantasien etc.) abhängt: «Es wird behauptet, dass einige Individuen Organisationen als Gruppierungen, andere als Theater für heroische Heldentaten, wieder andere als politische Arenen für Abmachungen und Kompromisse ansehen.»[25]

Lohmer u. Wernz[26] haben am Beispiel von psychosozialen Teams gezeigt, dass auch Institutionen einer narzisstischen Balance unterliegen. Identitätsbildungen *(Corporate Identity)* spielen eine wichtige Rolle. Angst vor Veränderung einerseits und Veränderungsdruck von aussen andererseits führen zu narzisstischer Destabilisierung, die aber Entwicklungschancen beinhaltet. Lässt ein Team keine Veränderung mehr von aussen zu, kommt es zu einer letztlich tödlichen Homöostase.

Auch Organisationen können traumatisiert werden[27], was sich in Störungsmerkmalen einzelner Individuen oder Gruppen zeigen kann. Beispielsweise sind Gruppen, die starkem psychischem Druck ausgesetzt sind (beispielsweise Intensivstationen mit vielen Todesfällen), besonders gefährdet, was dann zu einer Unfähigkeit führen kann, effektiv miteinander arbeiten zu können.[28]

d) Archetypen in Organisationen

Moxnes beschreibt aus einer nach C. G. Jung entwickelten psychologischen Perspektive die Aktivierung von zwölf archetypischen Rollen in Gruppen und Organisationen. Dabei werden jeweils acht Rollen mit Vater, Mutter, Sohn und Tochter in einer jeweils positiven und einer negativen Bedeutung in Verbindung gebracht. Hinzukommen die Rollen der Helfer: Schamane und Sklave, die dazu beitragen, dass die Familie materiell und spirituell überleben kann. Ebenso gibt es zwei transzendente Rollen: den Helden (Gewinner) und den Clown (Verlierer).

8. Emotionale Intelligenz und Führung

8. Emotionale Intelligenz und Führung

Neben technischen Qualifikationen und allgemeiner Intelligenz ist in den letzten Jahren die so genannte ‹emotionale Intelligenz› (EQ) stärker in den Mittelpunkt gerückt, wenn es darum ging, Eigenschaften zu bezeichnen, die mit erfolgreicher Führung verbunden sind.[1]

In einem einflussreichen Artikel wies Goleman 1998 darauf hin, dass hervorragende Manager sich zwar hinsichtlich ihres Führungsstils unterscheiden (Verhandlungsgeschick, Autorität)[2], alle aber sich durch hohe emotionale Intelligenz beschreiben lassen. Meines Erachtens können emotionale und soziale Intelligenz im Wesentlichen gleichgesetzt werden.

«Effektive Leader sind sich in einem wichtigen Punkt gleich: Sie haben alle ein hohes Mass an emotionaler Intelligenz ... und werden mit grossen Leistungen in Verbindung gebracht.»[3]

Rao[4] nennt diese Eigenschaft sogar das «Sine Qua Non» erfolgreicher Führung. Interessant ist, dass Führungskräfte der obersten Etagen mehr intuitive Entscheidungen treffen als Führungskräfte der mittleren und unteren Kategorie.[5] Das, was von Unternehmern häufig als «Glück» in der Karriere bezeichnet wird, erweist sich in Wirklichkeit als Intuition. Inzwischen gibt es psychologische Studien des Max-Planck-Instituts für Bildungsforschung, die zeigen, dass bestimmte Entscheidungen aus der Intuition treffsicherer bei Menschen verlaufen als «errechnete»[6], was auch Einfluss auf Management-Prozesse haben wird.[7] «Goleman fand auch, dass 90% der Unterschiede zwischen Top-Performern und durchschnittlich erfolgreichen Führungskräften auf oberster Ebene durch emotionale Intelligenz zu erklären sind, und hier sind es vor allem das Bewusstsein und die Kenntnis der eigenen Gefühle, das heisst die Fähigkeit, eigene Emotionen zu erkennen, sie zu verstehen und sie richtig zu interpretieren.»[8]

Das Konzept der «Emotionalen Intelligenz» wurde 1990 von Salovey u. Mayer von der University of New Hampshire in die psychologische Forschung eingeführt[9], nachdem zuvor Gardner (1983) «multiple Intelligenzen» mit intra- und interpersonellen Dimensionen postuliert hatte. Es ist jedoch insbesondere durch das Buch von Goleman im populärwissenschaftlichen Bereich sehr verbreitet.

Die vier Bereiche, die der EQ zugerechnet werden, sind:[10]

- Der basalste Bereich *Wahrnehmung von Emotionen (Perceiving Emotion)* beinhaltet die Fähigkeit, nonverbale Emotionen in Mimik, Gestik, Körperhaltung und Stimme anderer Personen wahrzunehmen.
- Der Bereich *Verwendung von Emotionen zur Unterstützung des Denkens (Using Emotions to facilitate thought)* umfasst Wissen über die Zusammenhänge zwischen Emotionen und Gedanken, welches z.B. zum Problemlösen eingesetzt wird. Es ist ebenfalls von basaler Bedeutung, da unsere Kognitionen und Wahrnehmungen stark von unseren Emotionen geprägt werden.
- Der Bereich *Verstehen von Emotionen (Understanding Emotions)* spiegelt die bedeutsame Fähigkeit wider, Emotionen in ihrer Bedeutung zu analysieren, die Veränderbarkeit von Emotionen einzuschätzen und die Konsequenzen derselben abzuschätzen. Hinzukommt die Fähigkeit, über diese Bedeutungen reflektieren zu können.
- Der Bereich *Umgang mit Emotionen (Managing Emotions)* erfolgt auf Basis der Ziele, des Selbstbildes und des sozialen Bewusstseins des Individuums und beinhaltet z.B. die Fähigkeiten, Gefühle zu vermeiden und gefühlsmäßige Bewertungen zu korrigieren.

Goleman verwendet ein stark erweitertes Konzept der EQ, das quasi fast jede erwünschte Eigenschaft (z.B. Motivation, Empathie, soziale Fertigkeiten, Teamwork, guter Charakter), die nicht bereits durch die klassische Intelligenz abgedeckt wird, umfasst, was wiederum von den Vätern der EQ zum Teil scharf kritisiert wurde.[11,12]

Das Konzept von Goleman ist natürlich relativ nah an alltagspraktischen Erfordernissen für erfolgreiches Management. Insbesondere die sozialen Fertigkeiten *(social skills)* wie Teamwork, Kollaborationsbereitschaft oder Initiative, sind als Teil der EQ laut Goleman entscheidend und markieren auch die Nähe zur Wirtschaftspsychologie, machen das Konzept jedoch in seiner allgemeinen «Positivität» auch etwas beliebig: «Die sozialen Fähigkeiten sind der Höhepunkt der anderen Dimensionen emotionaler Intelligenz. Menschen neigen dazu, Beziehungen effektiv zu führen, wenn sie ihre eigenen Emotionen verstehen und kontrollieren und die Gefühle anderer nachempfinden können.»[13]

Es verwundert daher nicht, dass Goleman schliesslich einen direkten Zusammenhang zwischen seinem EQ-Modell und wirtschaftlichem Erfolg postuliert hat.[14]

Inzwischen wird dies auch als Kernmerkmal für eine erfolgreiche Führung im Gesundheitswesen angesehen,[15] wo neben allgemeinen Führungseigenschaften spezifische menschliche Qualitäten eine noch grössere Rolle spielen als z.B. in der Industrie- oder Technologiebranche, wo möglicherweise «strategische Intelligenz» wichtiger sein könnte, wie Maccoby[16] meint.

«Die heutigen Führungskräfte im Gesundheitswesen müssen auch emotionale Intelligenz besitzen. Emotionale Intelligenz ist grundlegend für Leidenschaft. Emotionale Intelligenz, die zu Leidenschaft führt, ist entscheidend für die Überlebensfähigkeit der heutigen Gesundheitsorganisationen. Damit diese Organisationen noch besser werden können, muss der Führer seinen Mitarbeitern Leidenschaft vermitteln … Über die Leidenschaft steigt die Motivation der Führungskräfte und deren Mitarbeiter zur Aufgabenerfüllung, anderen zu helfen.»[17]

Stärker beachtet wird in jüngster Zeit auch in der Psychologie[18] und in der Managementlehre[19] die so genannte *Mindfulness*, eine – schwer ins Deutsche übersetzbare – Fähigkeit zur Achtsamkeit oder Klugheit. Oder auch die *Sinnhaftigkeit* (Meaningfulness), die – in der Tradition Viktor E. Frankls[20] – auch für den Managementbereich gefordert wird.[21]

Schwerer, insbesondere pathologischer Narzissmus kann somit in gewisser Weise als das Gegenteil von emotionaler Intelligenz betrachtet werden. Lanser[22] weist darauf hin, dass die stark globalisierte und durch die Informationstechnologien vernetzte Welt vermehrt emotionale Intelligenz im Management verlangt.

9. Wie kann man Narzissten im Management erkennen und wie kann man mit ihnen umgehen?

9. Wie kann man Narzissten im Management erkennen und wie kann man mit ihnen umgehen?

a) Was ist psychodynamische Organisationsberatung?

Man weiss inzwischen, dass ca. 70% aller Mitarbeiter ein Unternehmen wegen ihres Chefs verlassen – ein Problem, das «unbehandelt» enorme Kosten verursacht.[1]

Lohmer[2] plädiert dafür, besser von *Organisationsentwicklung* als von *Organisationsberatung* zu sprechen, und benennt folgende Chancen für die Weiterentwicklung des psychodynamischen Ansatzes – insbesondere bei komplexen Beratungsaufgaben:

- Umsetzungsbegleitung,
- Förderung der Selbstbeobachtung,
- Integration unterschiedlicher Haltungen und Interessen
- Verbindung von strategischem und prozessualem Denken.

Psychodynamische Organisationsberatung thematisiert die Verbindung zwischen den rationalen Zwecken und Abläufen in einer Organisation und den unbewußten Prozessen. Dahinter steht die Erfahrung, daß eine *«lernende Organisation»*[3] nur unzureichend mit scheinbar raschen, zuweilen manipulativen und eher oberflächlichen Psychotechniken aufzubauen ist.[4] Es zeigt sich, daß Widerstände, Ängste und Machtspiele erst verstanden und angesprochen werden müssen, bevor eine positive Orientierung oder Vision greifen kann. Lösungen entstehen nicht immer auf dem kürzesten Weg, sondern eher auf Umwegen: Wenn ein Zugang zu den bisher hemmenden Faktoren und in der Folge ein Klima des Vertrauens und kreativen Arbeitens erreicht worden ist.[5]

Die psychodynamische Organisationsberatung nutzt ein weites Spektrum von Methoden: Von der Einzelberatung, dem *Coaching*, über *Teamentwicklung* und -beratung bis hin zur Begleitung komplexer Entwicklungs- und Veränderungsprozesse, oft in *Zusammenarbeit* mit Beratern anderer, z. B. strategischer Orientierung. Der Berater oder Coach übernimmt nach diesem Ansatz kurz-

zeitig die Containing-Aufgabe des «Führers», wenn dieser oder die Gesamtgruppe behindert oder gelähmt erscheint. Auch die *Beratung der Berater* stellt
eine besondere Stärke dieses Ansatzes dar, z. B. wenn eine Organisationsentwicklung «stecken bleibt» und *Widerstandsphänomene* ein Projekt blockie-
ren. Nachlassen von Leistungskraft bzw. *Burn-out* wird in Unternehmen noch
allzu häufig als Zeichen «persönlicher Schwäche» und nicht als zwangsläufige
Begleiterscheinung komplexer Arbeits- und Gruppensituationen angesehen.[6]

Im Folgenden sollen einige praktische, betriebsorientierte Beispiele für
diese Form der Problematik gegeben und mögliche Lösungswege (wie Supervisionen etc.) aufgezeigt werden:

- Psychodynamisch orientierte Organisationsberatung kann auch dazu
  beitragen, durch gegenseitiges Misstrauen in Organisationen verloren
  gegangenes Vertrauen wiederherzustellen.[7] Misstrauen kann als eine
  Reaktion auf Wandel in der Kultur vieler Organisationen verstanden
  werden, der durch die allgemeine Wirtschaftskrise und den Veränderungsdruck in Richtung Kostenreduzierung und Globalisierung erzwun-
  gen wurde.
- Die Beachtung von Gegenübertragungsaffekten, wie in der Psychotherapie üblich, die (unbewusst vorhandene) Informationen über das Gegenüber aufdecken helfen können, wird für den Bereich der Beratung, Personalmanagement etc. auch von Sullivan (2002) gefordert.
- Berater oder Supervisoren sollten in die Dynamik einer (gestörten)
  Gruppe oder Organisation als potentielle Bündnispartner miteinbezogen
  werden, was die Fähigkeit zu Vertrauen und Zusammenarbeit innerhalb
  einer Organisation wiederherstellen kann.
- «Psychopathen» in den Chefetagen zahlen sich auf lange Sicht für kein
  Unternehmen aus, selbst wenn sie zunächst erfolgreich auftreten. Aus
  einer Kosten-Nutzen-Analyse heraus würde es sich also sehr lohnen,
  bereits bei Rekrutierungs- und Assessment-Verfahren stärker auf die
  beschriebenen destruktiven Persönlichkeiten zu achten und diese möglichst nicht einzustellen.

Grossunternehmen wie Southwest Airlines sind dazu übergegangen, Mitarbeiter, die ihre Kollegen oder Unterstellten auf irgendeine Weise herab-
würdigen oder beleidigen, frühzeitig zu entlassen, auch wenn sie fachlich
sehr qualifiziert sind. Die Firma lässt Bewerber auch systematisch von den
zukünftigen Untergebenen mitevaluieren.[8]

Bei Verdacht, dass der Bewerber kranke narzisstische Züge aufweist, können zudem folgende Massnahmen hilfreich sein:

- Genaues Überprüfen der vorgelegten Zeugnisse (Lücken, Fälschungen, Ungereimtheiten)
- Rollenspiel, das starke interaktionelle Fähigkeiten erfordert (Mitarbeiter leisten Widerstand bei der Einführung einer neuen Methode. Wie verhalten Sie sich?).

Folgende Faktoren sind wohl von entscheidender Bedeutung bei der Rekrutierung geeigneter Bewerber:

- fachliche Qualifikation,
- Erfahrung
- Leistungsmotivation und Ehrgeiz,
- Intelligenz, die immer auch Flexibilität beinhalten sollte,
- soziale Kompetenz und Empathiefähigkeit,
- Fähigkeit, auch zu verzichten, zu leiden oder Durststrecken durchzuhalten.

Die vier letzten Kriterien sind eng mit der Persönlichkeit verbunden und nur zum Teil lernbar.

Die Bedeutung des Charismas ist dabei umstritten. Zum Charisma zählen[9] die vier:

- Inspiration,
- Individualität,
- Intellekt,
- Idealismus und ausserdem
- ein «Hang zur sozialen Dramatisierung».

Die Bedeutung von Charisma wird jedoch auch angezweifelt. Für den «Management-Papst» Fredmund Malik ist *Vertrauen* und nicht Charisma das Kapital des erfolgreichen Managers. «Echte Führer brauchen kein Charisma. Sie führen durch Selbstdisziplin und durch Beispiel, nicht durch grosse Slogans und Hurrageschrei. Charismatische Persönlichkeiten sind – wegen ihrer Wirkung – immer grossen Gefahren und Versuchungen ausgesetzt. Sie sind ein Risiko.»[10]

Umstritten ist gegenwärtig, ob Charisma, wie es in speziellen Schulungen vermittelt wird,[11] tatsächlich trainiert werden kann.

Es wird insgesamt im Fachbereich «Führung, Organisation und Personal» mehr Gewicht auf subjektive (oder auch transkulturelle) Aspekte in Organisationen gelegt.[12] So beispielsweise über die Auswirkungen von Kränkungen in Unternehmen[13], wobei wiederum unterschiedliche «Kränkungsdynamiken» und Formen der Kränkung unterschieden werden: «Mehrere Arten der Beleidigung können beobachtet werden, wie zum Beispiel Ausschliessung, Stereotypieren, Auslöschung bedeutender Identitätselemente, Undankbarkeit, Abstempelung zum Sündenbock, Grobheit, nicht eingehaltene Versprechen, Missachtung oder Wartenlassen. Noch grössere Beleidigungen erfolgen aus der Diffamierung oder Plünderung idealisierter Objekte, Personen oder Ideen.»[14]

In zwei neueren Arbeiten fordern Sveningsson und Alvesson (2003) sowie Sveningsson und Larsson (2006) eine Art von «Identitätsarbeit» für Manager, um Rollenerwartungen, narrative Selbstidentität und damit verbundene Konflikte mit dem Diskurs der Organisation in Einklang zu bringen.

Es wurde darauf hingewiesen, wie Beratungsfirmen wie Boston Consult Group bereits bei der Rekrutierung von Bewerbern für zukünftige Beraterfunktionen einen identitätsstiftenden «Corpsgeist» zu etablieren versuchen.

Weitere Interventionen bzw. Strategien von Seiten der Organisationsberatung bei einem Problem, das durch einen narzisstischen Führer entstanden ist, der jedoch nicht ersetzt werden soll oder kann, könnten sein:[15]
1. Diesem einen Gefährten zur Seite zu stellen (*sidekick*). Diese Person muss allerdings den Narzissten und seine Ziele verstehen.
2. Entwicklung einer gemeinsamen *Corporate Culture* fördern, die zu einer einheitlichen Linie in einem Unternehmen führt und weitere Spaltungen vermeidet.
3. Selbsterfahrung, Coaching, Therapie für die Führungsperson.

Collinson (2005) warnt vor der Gefahren, die durch die meist vorhandene «Isolation» von Führenden entstehen können, und plädiert aus einer konstruktivistischen Sicht dafür, die «Beziehungen und Praktiken von Führern und Gefolgsleuten als beidseitig begründet und erzeugt»[16] anzusehen, eine Sichtweise, die er «dialektisch» nennt (gemeint ist eigentlich «relational»).[17]

Kahn (2001) fordert auch für die Arbeitswelt, analog der von Winnicott für die Psychotherapie postulierten (mütterlichen) Holding-Funktion, die Notwendigkeit von «Holding» (unzureichend übersetzt mit «Halt-Geben»). Er sieht die «Holding Environments» als «zwischenmenschliche oder gruppenbasierte Beziehungen, die es unabhängigen Arbeitern ermöglichen, Situationen zu bewältigen, die potentiell lähmende Angst auslösen.»[18]

Im Folgenden werden einige Interventionsmöglichkeiten für die HR-Abteilung, Personalberater oder Coachs näher dargestellt werden. Deshalb erscheint es wichtig, kurz auf das Thema «Trennung von einem Mitarbeiter» einzugehen. In nicht wenigen Fällen wird es nicht gelingen, einen narzisstisch akzentuierten Mitarbeiter zu coachen, zu Veränderung zu bewegen oder anders einzusetzen. Entweder weil das Vertrauensverhältnis nachhaltig belastet ist, die Position so wichtig ist, dass das Unternehmen kein Risiko eingehen kann oder aber interaktionell – etwa in einem Team – bereits so viel Porzellan zerschlagen wurde, dass eine ressourcenorientierte Vorgehensweise nicht mehr opportun erscheint. In diesen Fällen ist eine Trennung von einem Mitarbeiter oft unvermeidlich.

Die Natur der narzisstischen Kränkbarkeit, die Tatsache, dass Narzissten oft im Vorfeld nichts bemerken, macht diesen Trennungsprozess oft nicht einfach und ist beim Betroffenen mit Gegenwehr, Wut oder Anklagen verbunden.

Hinzukommt auch die ausgeprägte Gruppendynamik, die dazu führen kann, dass der jetzt zum Problemfall gewordenen Mitarbeiter lange Zeit ein «Star» oder «Liebling» war, bzw. immer noch seine Gefolgschaft hat. In manchen Fällen können in einem Team die Konflikte relativ unvermittelt, aber sehr heftig aufbrechen. Der streitbare Mitarbeiter wird dann – subjektiv nicht ganz falsch – bemerken können, dass doch immer alles in Ordnung gewesen sei, man doch mit ihm zufrieden gewesen sei und ihm nun Unrecht tue. Manchmal werden die Probleme auch erst in Krisensituationen sichtbar oder bei einem beruflichen Aufstieg, der mehr Macht beinhaltet und interpersonelle Subtilität verlangt.

An und für sich wäre es richtig, dass man einem Mitarbeiter, dem wegen stärkerer narzisstischer Persönlichkeitsakzentuierung und den damit verbunden Problemen gekündigt werden muss, die Gründe offen, aber taktvoll erläutert würden. In manchen Fällen könnte man dies auch mit dem Hinweis verbinden, dass nicht fachliche Inkompetenz das Problem war, sondern das «Zwischenmenschliche». Allerdings wird diese Vorgehensweise in vielen Fällen vermieden, aus Bequemlichkeit oder Befürchtungen, sich stärker als üblich involvieren zu müssen. Stattdessen werden die unliebsamen Mitarbeiter z. B. weggelobt oder als Begründung angebliche «Überqualifikation» angeführt. Letztlich bleibt es so dem Betroffenen erschwert, Einsicht über die Art und Weise seiner sozialen Schwierigkeiten zu gewinnen und vielleicht sogar von sich aus etwas dagegen zu tun (Selbsterfahrungsgruppe oder Ähnliches).

Schwieriger kann die Situation dann sein, wenn man versucht, mit einem Narzissten eine eingetretene problematische Situation gütlich zu klären. Unter Umständen aktiviert die eingetretene Belastung, kritisiert zu werden, genau das interaktionelle Muster, zu täuschen, zu imitieren, zu dominieren oder zu manipulieren. Mit anderen Worten besteht die Gefahr, dass der problematische Mitarbeiter alles tun wird, um die Situation «abzuwiegeln», statt sich inhaltlich mit den Kritikpunkten auseinander zu setzen.

Bei gröberen Verstössen, die zu einer Kündigung führen, sollte der Chef dem Mitarbeiter entschieden, aber respektvoll mitteilen, dass man von ihm z.B. getäuscht oder belogen worden sei.

Stärker narzisstisch veranlagte Personen werden bei beruflichen Trennungsgesprächen eher selten beherrscht wirken. Typischerweise werden sie wütend oder geschockt reagieren, möglicherweise dann in einer weiteren Phase verhandeln (Abfindungen) oder u.U. rechtliche Gegenmassnahmen zu ergreifen versuchen.

Das Thema «Trennungskultur»[19] ist in den meisten Personalabteilungen trotz seines grossen Gewichts des Themas noch immer vernachlässigt. Oft werden Trennungsgespräche, die viel Geschick erfordern, weil sie klar, fair und menschlich aber doch bestimmt sein sollten, unprofessionell geführt, auf den letzten Moment vertagt oder die Zuständigkeit ist nicht ganz klar (Vorgesetzter, Personalabteilung). Trennungen werden noch zu wenig als kontinuierliche Management-Aufgabe angesehen.

Faire Trennung ist menschlich und mindert versteckte, indirekte Folgekosten:
- Die Guten bleiben. Es gibt keine aufwendige Neubesetzung, stabile Kundenbetreuung ist gewährleistet.
- Die Motivation und Bindungsfähigkeit der Belegschaft wird aufrechterhalten. Sonst steigen Krankenstände und Fehlerquoten.
- Image und Glaubwürdigkeit leiden nicht, weder die der Führungskräfte noch die des gesamten Unternehmens.[20]

Wichtige Perspektiven einer psychodynamischen Organisationsberatung sind:
- Diese klinisch-diagnostische Perspektive sollte in Zukunft m.E. trotz ihrer (methodischen) Probleme weiter ausgebaut werden.
- Dies erfolgt aber z.T. noch zu wenig, weil die Organisationsberatung m.E. zu sehr auf oberflächliche Supportprozesse ausgerichtet ist. *Destruktives wird zu wenig berücksichtigt.* Ich plädiere deswegen für eine

Organisationsberatung, die auch die destruktiven Seiten in Individuen und Gruppen anerkennt und mit diesen arbeitet.[21] Das Bedürfnis – gerade auch von Psychotherapeuten –, wegen ihres Engagements Wertschätzung zu erfahren und sich daher auch eher mit positiven Aspekten zu befassen, ist verständlicherweise gross. Es ist anzunehmen, dass dies analog für Coaching und andere Beratungsprozesse gilt.

- Grundsätzlich sollten Mitarbeiter auf Kollegen und vielleicht sogar auch auf Vorgesetzte zugehen, bei denen Probleme augenfällig werden, da auch das «emotionale Management» in einer modernen Firma dazugehört. Kets de Vries[22] hält EQ für die vielleicht wichtigste Eigenschaft eines Managers überhaupt neben der Fähigkeit zu handeln und zu reflektieren.
- Man könnte sagen, dass auch für Führungskräfte «Selbsterfahrung» (etwa in Form von Coaching, Nachdenken über sich selbst, eigene Therapie) hilfreich ist, um die eigenen «vulnerablen» oder auch «verrückten» Seiten besser kennenzulernen. Wichtig ist es auch, über einen Spiegel zu verfügen, der sich traut, die Wahrheit auszusprechen.[23]
- Meines Erachtens kann das bekannte Phänomen des «Mobbings»[24], d.h. also der Sabotage bis hin zum systematischen Zerstören der Arbeitsfähigkeit von Mitarbeitern, nicht nur mit veränderter ökonomischer Lage erklärt werden, wie dies häufig geschieht («schärferer Wind»), sondern bedarf zur Erklärung der Anerkennung von Affekten wie Neid, Hass oder Rache sowie der beschriebenen individuellen und Gruppenprozesse.

b) Die Situation erkennen

Für die Diagnostik und später auch Änderung einer pathologischen Situation ist der Blick von aussen wichtig. Aufgabe des Beraters oder Coachs sollte sein, das Gefüge der Gruppe mit Neuem zu Beflügeln. Dabei sind sowohl die kohäsiven stabilisierenden Kräfte der Gruppe notwendig wie die des von aussen Kommenden. Bion[25] verwendet für die Perspektive oder Funktion auch den Begriff *«mystic»* (sinngemäss mit «weiser Seher» zu übersetzen). Er – den Bion symbolisch auch als «Genius» oder «Messias» bezeichnet – dient der Gruppe als Entwicklungssprungbrett. Die etablierte Gruppe und der Messias brauchen sich gegenseitig.

Am Anfang steht immer eine gründliche Diagnose (besonders durch Interviews) des Funktionsverhaltens der Führungskraft, der Organisationsstruktur und der Gruppendynamiken. Die Organisationsberatung muss an der Spitze des Unternehmens beginnen.

Volkan[26] fordert: «Auf der anderen Seite sollten Psychoanalytiker ... die Interaktionen zwischen Führer und ihren Anhängern ernsthaft beobachten und untersuchen, auf die Gefahrensignale hinweisen, die destruktive narzisstische Führer erkennen lassen.»

Organisationsbedürfnisse sind jedoch streng von den psychotherapeutischen Bedürfnissen des (pathologischen) Führers zu trennen.[27] Dies muss der Berater beachten, um eine Konfusion zu vermeiden. Der Berater muss auch «übertriebene Idealisierungen und messianische Hoffnungen»[28] und den Wusch nach sofortiger Veränderung abwenden. Die Beratung kann am Anfang vorübergehend zu einer Verstärkung der paranoiden Entwicklungen führen, worauf ebenfalls Kernberg aufmerksam gemacht hat.

«Wenn die Organisation mit einem charakterlich dysfunktionalen Führer leben muss, ist es unter Umständen vorzuziehen, in der administrativen Struktur eine optimale Balance zwischen den Aufgabenerfordernissen einerseits und den Bedürfnissen der Führungskraft andererseits herzustellen.»[29]

c) Assessment-Prozess

Kernberg[30] warnt davor, sich bei der Wahl einer neuen Führungskraft auf «den oberflächlichen Eindruck scheinbarer Anpassungsfähigkeit und charmanter Umgangsweisen zu verlassen. Wie wir gesehen haben, sind das Geschick, augenblickliche Situationen einzuschätzen, die Fähigkeit, Konflikte kurzfristig zu klären, die Neigung, sich niemanden zum Feind zu machen, und ungestümer Ehrgeiz nicht unbedingt Merkmale einer guten Führungskraft.» Stattdessen könnte – zum Beispiel für das Personalmanagement oder den Kreis, der über die Bewerbung zu entscheiden hat – die Beantwortung folgender Fragen (prognostisch) relevant sein:[31]

1. Wie gross ist die Kreativität, die der Kandidat in der Vergangenheit auf seinem Gebiet bewiesen hat?
2. Inwieweit bezieht er seine Gratifikation aus seiner beruflichen Tätigkeit, und inwieweit bleibt ihm diese Quelle erhalten, sobald er seine Managerfunktionen übernommen hat?
3. Inwieweit wird ihn seine eigene Kreativität als Manager befriedigen, ohne dass er auf Beifall und Bewunderung anderer angewiesen ist?
4. Ist sich die künftige Führungskraft «grundlegender professioneller Werte bewusst und fühlt sich ihnen verpflichtet, statt das Augenmerk auf Aspekte zu richten, die gerade in sind und kurzfristig als gewinnträchtig erscheinen?
5. Inwieweit hat der Kandidat den Mut bewiesen, offen für seine Überzeugungen einzutreten, statt Konflikte mit Rücksicht auf Macht und Prestige auszunutzen?
6. Kann sich der Kandidat über das Wachstum und die Entwicklung anderer Menschen wirklich freuen?
7. Verfügt der Bewerber über dauerhafte Hobbys, an denen er – trotz Mühen und Zeitmangel – festzuhalten vermag?
8. Führt der Bewerber eine glückliche (intime) Beziehung? Ist er dazu in der Lage?

Gefordert wird bereits heute für Firmen ein «ein radikaler Evaluationsprozess, um zu entscheiden, ob hochkarätike Kanidaten sowohl Tiefe als auch Ausstrahlung aufweisen».[32,33]

Meines Erachtens sollte im Personalbereich vermehrt das Augenmerk auf die sozialen Prozesse gerichtet, entsprechende Instrumente verwendet und die Mitarbeiter stärker sensibilisiert und geschult werden. Es könnte hilfreich sein, Personen mit schwerem krankem Narzissmus entweder gar nicht einzustellen oder zu beraten oder dort einzusetzen, wo ihre Persönlichkeitseigenschaften möglicherweise Vorteile aufweisen (evtl. Aussendienst).

Es ist in jüngster Zeit[34] darauf hingewiesen worden, dass beim Vorstellungsgespräch nicht nur der Kandidat unter Druck steht, sondern auch die Entscheidungsträger auf Seiten der Firma, da ein Flop negative Auswirkungen auf Image und Teamkultur haben kann und man die raren Topleute unbedingt bekommen will, ohne sich als zu abhängig zu präsentieren. Nicht zuletzt die Angst, «getäuscht» zu werden, den Bewerber nicht realistisch einzuschätzen, erhöht den Druck auf die Personalmanager. «In vielen Bewerbungsratgebern wird oft wörtlich vorgegeben, was Kandidaten sagen sollen, um Potential erkennen zu lassen. Die Aussagen stimmen oft nicht mit der wahren Motivation überein.» ... «Bewerber sind heute zum Teil extrem gut vorbereitet und haben sich wohlklingende Storys zurechtgelegt, die für einen nicht geschulten Interviewer oft nur schwer zu durchschauen sind», so zwei Personalberater.[35]

Aufgabe der Jury beim Auswahlverfahren muss es sein, den Bewerber möglichst so zu sehen, wie er wirklich ist. Dabei sind Schwächen u. U. gar nicht das Hauptproblem, da erfahrene Bewerbungskommissionen zunehmend auf Potentiale achten, d. h. wenn jemand, der noch relativ jung ist, noch zu nervös, zu theoretisch oder eine Spur zu draufgängerisch erscheint, sollte dies und wird dies in der Regel anders beurteilt werden als bei einem bereits älteren Bewerber.

Dieses Problem besteht insbesondere bei so genannten «High-Potentials», bei denen nicht selten die Bewerber (mit mehreren Stellenangeboten oder ihres Werts bewusst) es sind, die die kritischen Fragen an das Unternehmen stellen. Diese Situation ist auch unter der in diesem Buch dargelegten Thematik gefährlich, da die Gefahr besteht, dass nicht mehr genau hingeschaut wird; Hauptsache, man hat endlich jemanden gefunden. So auch Brenner:[36] «Die Personalmanagerin Ile Hirth kennt die Versuchung, der Führungskräfte leicht erliegen können, wenn sie dringend ihr Team verstärken müssen: ‹Vermeintliche Risiken und Defizite des Bewerbers werden als solche nicht ausreichend wahrgenommen, sondern übergangen. Nach dem Motto: Es wird schon gut gehen.›

Um solcher Mimikry nicht zu erliegen, plädiere ich dafür, das Feld der typischen Fragen kühn zu verlassen («Was ist Ihre grösste Schwäche?» und Ähnliches), ein tabuloses Gespräch zu führen, das einem ein Bild der Persönlichkeit des Bewerbers vermitteln soll, und sich auch auf seine «Gegenübertragung» zu verlassen.[37] Im Zweifelsfall erscheint es sinnvoll, noch eine weitere Bewerbungsrunde durchzuführen, obwohl dies natürlich immer aufwendig ist. Bei weniger exponierten Stellen ist es oft auch nützlich, auf positive Erfahrungen mit Praktikanten oder früheren Mitarbeitern zurückzugreifen und diese zu gewinnen, da man die soziale Verträglichkeit dieser Person bereits kennt. Manche Firmen gehen auch dazu über, zunächst jemanden über eine Zeitarbeitsfirma einzustellen, um sich nicht gleich längerfristig zu binden.

d) Moral und Ethik, Demut und Authentizität als Assessmentkriterien

In den Assessements der Kandidaten für Führungspositionen wird vermehrt Wert auf Kriterien wie Moral, Ethik und Authentizität gelegt.[38] Zunehmend werden auch psychologische Kriterien herangezogen.

Allerdings klingt das folgende Ideal allzu «rosig»: «Authentische Führung wird definiert als ich-bewusst, selbstsicher, transparent, optimistisch, belastbar und ehrlich. Ausserdem stellt sie das Wohlergehen anderer vor das eigene Wohlergehen.»[39] Auf die Notwendigkeit einer «moralischen Erziehung» für (zukünftige) Manager hat allerdings bereits Schein im Jahr 1966 hingewiesen. Sorcher und Brant (2002) sprechen sich für eine äusserst sorgfältige Rekrutierung gerade der Spitzenkräfte aus, bei denen vermehrt auf Kriterien wie persönliche Integrität und die Fähigkeit, andere zu einem Team zu formen, Wert gelegt werden sollte.[40]

> Von grundlegender Bedeutung im Management sind Glaubwürdigkeit und Verantwortungsbewusstsein (bzw. als entsprechende Pendants: Vertrauen und Loyalität). Wenn diese beiden Aspekte zu kurz kommen, sei es aus Gründen der Persönlichkeit, der Unternehmenskultur, des Kommunikationsstils, dann sind im Management produktive und auf Nachhaltigkeit setzende Wachstumsprozesse sehr schwierig. «Daran scheitert doch das ganze Thema Wissensmanagement. Die meisten haben einfach nicht begriffen, dass eine Datensammlung dafür nicht ausreicht. Um Informationen zu teilen, braucht man Vertrauen.»[41]

Es ist interessant, dass fast im Sinne einer parallelen Entwicklung zur Psychotherapie das Coaching im Management ebenfalls Authentizität, Glaubwürdigkeit[42] und Persönlichkeitsentwicklung als Arbeitfelder von zentraler Bedeutung entdeckt hat. Es handelt sich hier letztlich um eine Analogie zum psychoanalytischen Konzept des «wahren Selbst».[43]

Auch Doppler[44] fordert in seinem Change-Management-Ansatz, dass so genannte *soft factors* wie «Verweigerung, Verzagen, Angst, Trotz, offener und verdeckter Widerstand stärker beachtet werden sollten und von «der Notwendigkeit, Betroffene sehr viel früher in Veränderungsprozesse einzubeziehen, Kommunikation an die Stelle von Information zu setzen.»[45]

Trebisch[46] betont in seiner Darstellung des zukünftigen Projektmanagements, dass es «bei der Qualifikation von Managern und Mitarbeitern nicht nur um technisch-organisatorisches und soziales Training geht, sondern auch «um die Ausweitung der Fertigkeiten im Management von Komplexität, Unsicherheit und Dilemmata. Dies sind heute Schlüsselkompetenzen, weil die Anforderungen hier in den letzten Jahren exponentiell gestiegen sind.» Trebesch hält in diesem Zusammenhang eine kontinuierliche Prozessbegleitung in Form von Supervision und Coaching für unbedingt notwendig.[47]

Auch Morris[48] sieht den erfolgreichen «einsamen Führer» eher als einen Mythos. Erfolgreiche Führer zeichnen sich neben einem starken persönlichen Durchsetzungswillen (Ich-Stärke) gerade durch grösseres Ausmass an Bescheidenheit oder Demut aus, was bedeutet, hinter einer Sache persönlich zurückzutreten.

Es sind generell nicht die so genannten «Super-Alphas», die als Führer erfolgreich sind,[49] da die Fähigkeit zur «Demut» oder «Bescheidenheit» (humility) von grosser Bedeutung für erfolgreiche Manager sein könnte. Collins[50] identifiziert folgende vier Charakteristika, die in der höchsten Managementebene von Wichtigkeit sind: «Bescheidenheit, Wille, wilde Entschlossenheit und die Tendenz, anderen Anerkennung zu zollen und Schuld auf sich zu nehmen.»[51] Mehr Demut wird auch von Kramer[52] gefordert.

Kellerman[53] stellt eine wichtige Frage: «Ist Führung gleichbedeutend mit moralischer Führung?»[54] Er fährt fort, indem er argumentiert, dass sicherlich bis 1970 diese Frage im Allgemeinen eher verneint worden wäre, inzwischen aber eine Änderung eingetreten sei. Heute dagegen heisst es in der einflussreichen «Harvard Business Review»: «Die talentiertesten Führer … können ihre eigenen Emotionen lesen und lenken und begreifen instinktiv, wie andere sich fühlen und wie es um die emotionale Verfassung ihrer Organisation steht.»[55] Es wird dort auch von «Leading by feel» gesprochen.

Auch im Bereich der Psychotherapie werden Konzepte wie «Mentalisierung», «Reflexives Funktionieren» (im Sinne eines Perspektivewechsels) sowie die auf der Bindungstheorie basierende «Feinfühligkeit» stärker beachtet. Dies sind alles Konzepte, die grosse Ähnlichkeit mit den EQ aufweisen. Es wird sich in den nächsten Jahren zeigen, ob und inwieweit man diese Konzepte auch in den Bereich der Arbeits- und Betriebspsychologie wird übertragen können.

Auch Freshman u. Rubino[56] schlagen so die Entwicklung von «emotionaler Intelligenz bei Angestellten als ein strategisches Trainingsziel vor, das interne und externe soziale Netzwerke von Gesundheitsorganisationen stärken kann».[57]

Obwohl diese Eigenschaften stärker gewichtet werden, weist Goleman darauf hin, dass diese Eigenschaften als «unwirtschaftlich» gelten könnten: «Die Komponenten emotionaler Intelligenz – Selbsterkenntnis, Selbstregulierung, Motivation, Einfühlungsvermögen und soziale Fähigkeiten – mögen nicht sehr geschäftsmässig klingen. Doch das Einbringen emotionaler Intelligenz am

Arbeitsplatz beschränkt sich nicht darauf, den eigenen Ärger zu kontrollieren oder mit Leuten auszukommen. Vielmehr ist damit das Erkennen des eigenen emotionalen Aufbaus und jenes anderer Leute gemeint, um sie zur Erfüllung der Betriebsziele zu bringen.»[58]

In einer interessanten Debatte «Müssen Manager authentisch sein?»[59] nahmen zwei Personalberater sehr unterschiedliche Positionen zu dieser Frage ein. Während sich der eine für die *Authentizität und Glaubwürdigkeit* stark machte («Menschen haben in der Regel ein gutes Gespür dafür, ob andere Menschen hinter ihrer Absicht stehen oder diese nur professionell verfolgen»), nahm der andere eine skeptische bis zynische Haltung ein und benannte Argumente, die aus seiner Perspektive dafür sprechen, dass die Managementwelt als Bühne betrachtet werden sollte:

«Erfolg hat, wer die Rolle des Authentischen glaubhaft spielt [...] Nur für unverbesserliche Gutmenschen und brave oder realitätsferne Kommunikationstrainer der Stuhlkreis-Gilde gelten Glaubwürdigkeit und Authentizität als wesentliche Erfolgskompetenzen. [...] Die Realität sieht anders aus: Wer sich im Interview oder in der Beurteilung (Audit) mit all seiner Natürlichkeit mit Zweifeln und berechtigter Selbstkritik zeigt, wie er ist, wird keine Chance erhalten im neuen Job, im Goldfischteich oder Ähnlichem. Erfolg hat, wer in der Lage ist, für sich jeweils exakt zu definieren, welche Rolle er in seiner Funktion zu spielen hat. [...] Rollenerwartungen sind natürlich komplex. Den Topmanager erwarten zum Teil widersprüchliche Rollen seines Aufsichtsrates, des Betriebsrates, der Vorstandskollegen un der Öffentlichkeit. Nur komplexe Personen können diesen mannigfaltigen Anforderungen entsprechen: chamäleonartig[60] bis hin zur Selbstaufgabe bei der Erfüllung des Erwartungshorizonts zwischen Visionär, Händchenhalter, Finanzjongleur, Entertainer und sozial verantwortlichem wertorientiertem oder zielorientiertem Teamleader.»

Es ist bemerkenswert, dass solche Persönlichkeitseigenschaften (die Richard Sennett als die des *«flexiblen» Menschen* – oder besser: *fragmentierten Menschen* – bezeichnet) als vorbildlich angenommen werden.

Ghoshal kritisiert,[61] dass die Managementhochschulen und MBA-Ausbildungen der letzten Jahrzehnte eine *Ideologie des unethischen oder amoralischen Managements* verbreitet hätten.[62]

e) Coaching

Coaching – eine Art intensive zielorientierte, individuelle Stärken und Schwächen berücksichtigende Beratung – wird heute in weiten Bereichen des Managements als hilfreich betrachtet. In vielen Fällen, inbesondere wenn eine Person sehr wichtig für ein Unternehmen ist, schlagen Vorgesetzte bei Problemen individuelles Coaching vor, während man sich noch vor einigen Jahren von einem Mitarbeiter eher getrennt hätte. Positiv könnte man aus organisationspsychologischer Perspektiv an diesem Trend werten, dass auch im Management persönliche Faktoren stärker beachtet werden und Managementprozesse nicht einfach mehr nur auf rationale «Falsch- oder Richtig-Entscheidungen» reduziert werden. Problematisch an diesem Trend, der natürlich auch Ausdruck einer «Durchtherapisierung» der Gesellschaft ist[63], ist insbesondere, dass es bis heute wenig Qualitätsstandards für Coachs gibt. Weder sind ein Psychologiestudium noch Selbsterfahrung oder andere Anforderungen vorgeschrieben.[64] *«Meine Sorge ist, dass heute jede Küchenhilfe Coach werden kann. Aber Coach zu spielen ist gefährlich, wenn man keine Kenntnisse in klinischer Psychologie hat.»*[65]

Inzwischen kommt Kritik aus den eigenen Reihen. Die Coachs hätten den Managern oft nur geholfen, die von ihnen gewünschten Ziele zu erreichen, und Coaching sei eine Art Ware eines Zulieferbetriebs geworden.[66] Wichtig sei dagegen, dass der Coachingprozess «ergebnisoffen» geführt werde und dass es nicht primär um Erfolg im Managment gehe, sondern darum, dass der Coachee zu einer authentischen Persönlichkeit reife, und «um den Eigenwert der Beziehung von Coach und Coachee, zumal viele Topmanager Probleme hätten, langfristige zwischenmenschliche Beziehung zu gestalten».[67] So verständlich dieser Anspruch ist, der sich im Übrigen der «frei schwebenden Aufmerksamkeit» und «technischen Neutralität» der Psychoanalyse nähern will, so stellt sich doch die Frage nach der Abgrenzung von Psychotherapie und Coaching und ob Coachs wirklich in der Lage sind, Persönlichkeitsentwicklung zu fördern, insbesondere bei schwierigeren Persönlichkeiten. Es gibt auf der anderen Seite auch professionelle Coachs, die genau das Entgegengesetzte fordern, d. h. weniger Ausrichtung auf die Psychologie, sondern wirtschaftliche Zielorientierung etc. Kets de Vries[68] setzt inzwischen vermehrt auf Coaching in der Gruppe, ein Verfahren, das er «Leadership Group Coaching» nennt.

Selbstverständlich können Coaching-Prozesse nicht ohne weiteres mit intensiven Psychotherapien verglichen werden. Ich meine aber, dass man das Dilemma zwischen *oberflächlichem Reparieren* und *tieferem Reflektieren*, in dem auch der Coach steht[69], hier sehr gut wieder finden kann.

Insgesamt ist es wichtig darauf hinzuweisen, wie das bereits relativ früh der Psychoanalytiker Cremerius (1979) getan hat, dass die Behandlung der Reichen, Berühmten und der Mächtigen massiv erschwert ist. Dafür sind insbesondere Gegenübertragungsaspekte von grösserer Bedeutung: Der Therapeut oder Coach lässt sich von Macht, Berühmtheit oder Reichtum blenden oder verunsichern. Die Klienten werden schonungsvoller behandelt, bestimmte Themen werden ausgeklammert oder (etwa über Mobilisierung von unbewusstem Neid), dem Patienten wird so begegnet, als hätte er seine Position unverdient erlangt.

Wie Schreyögg in ihrem Aufsatz «Charismatiker und ihre Nachfolger» schreibt, ist die narzisstische Dynamik auch für den Aufbau eines tragfähigen sozialen Beratungskontraktes, den das Coaching benötigt, das entscheidende Hemmnis: «Coaching beinhaltet ja immer eine kritische Auseinandersetzung mit dem jeweiligen beruflichen Kontext des zu Beratenden. Genau diese Intention mobilisiert aber beim Charismatiker die gesamte ihm zur Verfügung stehende Abwehr. Das wird sogleich verständlich, wenn wir uns deutlich machen, dass eine Führungskraft dieses Typs überhaupt nur dann Beratung beansprucht, wenn ihre berufliche Welt zu wanken oder gar zu zerbrechen droht.»

Therapeuten und Coachs werden auch mit eigenen Machtwünschen u.Ä. konfrontiert. In vielen Fällen versuchen diese Klienten auch – durch Einladungen, Vergünstigungen etc. –, den Therapeuten zu «belohnen», was zwar gut gemeint sein kann, letztlich aber doch zu einer Form der «Korrumpierung» führt.

Um nur ein Beispiel zu geben: Der Coachee erfährt, dass der Coach gerne einmal in eine Wagner-Oper nach Bayreuth ginge, und bietet ihm an, was für den Therapeuten sonst kaum möglich wäre, ihm Karten zu besorgen. Der Vorgang ist an sich zwar harmlos, führt jedoch unweigerlich zu Problemen. Kann der Coach diesem Angebot widerstehen? Führt die Annahme einer solchen Vergünstigung zu Beeinträchtigungen in der Beziehung?

Oder aber der Coach oder Therapeut dient dazu, letztlich nur das System zu stabilisieren und «zu einem brauchbaren Objekt in seinem System»[70] zu werden. Schreyögg spricht bereits[71] von der «mangelnden Beratbarkeit von Charismatikern», die ein Coach rechtzeitig erkennen sollte, etwa wenn ein Coachee das Coaching nur zu seiner Bestätigung instrumentalisiert und zu einer kritischen Auseinandersetzung mit dem eigenen Denken und Handeln im Grunde nicht bereit ist.

Schliesslich geht es auch um reale Macht- und Abhängigkeitsverhältnisse. Auf die Frage,[72] wie er sich den derzeitigen Coaching-Boom erkläre, antwortet Kets de Vries: «Aber der Hauptgrund ist das Geld. Als guter Psychoanalytiker kann man etwa 100 Euro in 45 Minuten verdienen, als Coach 500 Euro. Das ist einfach verlockend.» Es erscheint zwingend notwendig, dass man gerade bei diesen sehr lukrativen Stunden- und Tagessätzen die Abhängigkeit, in die man damit gerät, besonders gut reflektiert.

Beim Coaching verheissen psychodynamische (Tavistock Modell) und systemische Ansätze am effektivsten narzisstische Problematiken intra- oder interindividueller Art angehen zu können.

«Man braucht also nicht nur einen Coach, sondern auch einen Coaching-Führungsstil und ich hoffe, dass ein Coach einem Manager hilft, einen solchen zu entwickeln. Aber nicht jeder Manager hat die dafür notwendige emotionale Intelligenz.»[73]

Auch Horowitz und Arthur[74] weisen auf die Bedeutung hin, die die unabhängige Personen oder Denker für die Prävention von malignen Prozessen haben. Allerdings weisen sie auch darauf hin, dass diese Personen gleichzeitig einem besonderen Risiko ausgesetzt sind, indem sie als «Feinde» betrachtet werden können.

Gewarnt werden sollte jedoch auch vor narzisstischen Coachs und Therapeuten. Horwitz[75] beschreibt aus einer klinischen Perspektive die Auswirkungen, die es hat, wenn der Gruppentherapeut narzisstisch ist. Diese Konstellation kann den therapeutischen Effekt nachhaltig bedrohen. Auch Horwitz unterscheidet innerhalb des pathologischen Narzissmus nochmals die Sonderform des malignen Narzissmus. Auf die Gefahr von narzisstischem Machtmissbrauch durch narzisstische Coachs weist auch Schmidt-Lellek[76] hin. Diese Personen benutzen Klienten und deren Bereitschaft zur Bewunderung oder auch zur idealisierenden Übertragung, um sich ihres eigenen Wertes zu versichern.

f) Gruppeninterventionen

Erst in den Anfängen stehen mögliche eigentliche Gruppeninterventionen im Management. Lieber – weil auch diskreter – werden bei problematischen Situationen individuelle Coachs engagiert. Dies hat allerdings den Nachteil, dass man die spezifische Wirksamkeit von Gruppeninterventionen nicht nutzt, die vielfach bewiesen wurde.[77] Moxnes (2006) zeigt auf, dass sich zwischen den Themen, die in der Gruppenanalyse («Vatermord», Rollenkonflikte etc.) wichtig sind, und den Anforderungen an ein Training für zukünftige Führungskräfte zahlreiche Übereinstimmungen finden lassen.

Runia und Nijenhuis[78] konnten zeigen, dass gruppendynamische Interventionen verwendet werden konnten, um Manager im Gesundheitsbereich für die Klientenperspektive zu sensibilisieren: «Die Grundannahme – abgeleitet aus Kohuts Arbeiten über Narzissmus – besteht darin, dass das abhängig machende Verhalten verbunden ist mit tief verwurzelten Gefühlen des Ungenügens, das aus einer mangelhaften Eigenständigkeit herrührt. ... Dieses Teilen von Erfahrung (klar definierte Grenzen, minimale Struktur, Führerunterstützung) ruft oft ein Verhalten hervor, in dem die Eigenheiten des abhängig machenden Verhaltens der Allgemeinmediziner ihren Patienten gegenüber gespiegelt sind – abhängiges Verhalten also.»[79]

Im Übrigen gehört interessanterweise der Narzissmus aus klinischer Perspektive zu den Störungsbildern, die sehr gut von Gruppeninterventionen profitieren und deshalb zu den wenigen Störungsbildern gehören, die sich mit den Jahren eher prognostisch bessern. Es dauert in vielen Fällen bis jenseits des 35. oder 40. Lebensjahrs, bis die Betroffenen die Bereitschaft zeigen, etwas an ihren Problemen zu ändern, nachdem sie zuvor für jede Form der Kritik oder Intervention unempfänglich waren. Man erklärt sich dieses Phänomen damit, dass der «narzisstische Widerstand» schwächer wird und die «narzisstische Schere» zwischen Anspruch und Wirklichkeit zunehmend auseinander klafft, weil Folgen wie Depressionen, Drogenmissbrauch bei den Betroffenen zu einem Leidensdruck führen. Die Gruppe hat dabei den Vorteil, dass neben den Interventionen des Therapeuten auch die interpersonellen Probleme aufgezeigt werden können und der Betreffende von der Gruppe Rückmeldungen erhält.

g) Ausbildung der Manager

Bisher konzentrierte sich die Führungsausbildung von Managern etwa im Rahmen von berufsbegleitenden Executive-MBA-Programmen stark auf die Elemente: Innovationsfähigkeit, Führen von Gruppen, Steigerung der Ambitionen und Zielorientiertheit. Es wird zunehmend erkannt, dass *Integrität* und *wirkliche Übernahme von Verantwortung* ebenfalls zur Aufgabe von Führungspersonen gehören und im Rahmen dieser Ausbildungen gelehrt werden müssten.

Kellerman[80] fordert eine Veränderung der Sichtweise, dass Manager automatisch immer «gut» seien. Es bestünde sonst nämlich die Gefahr, dass die Führenden selbst (weiter) daran glauben würden, es gäbe bei ihnen Laster wie Gier etc. nicht: «Die Annahme, alle guten Leader seien gute Menschen, bedeutet eine vorsätzliche Blindheit, was die *conditio humana* anbelangt, und es schränkt unsere Fähigkeit stark ein, bessere Führer zu werden. Noch schlimmer ist, dass es Kaderleute zum Gedanken verleiten kann, dass sie – weil sie

Führungskräfte sind – nie hinterlistig, feige oder gierig seien. Diese Vorstellung wäre verheerend.»[81]

Es erscheint deshalb notwendig, vermehrt auf den Missbrauch von Macht in Management-Kursen, Wirtschaftsstudiengängen etc. hinzuweisen.[82]

h) Compliance Officers

Da unkorrektes Geschäftsgebaren, bis hin zur Korruption, dem Ansehen wie dem wirtschaftlichen Erfolg einer Firma massiv schaden kann, sind inzwischen viele grössere Firmen dazu übergegangen, eigene Stellen für die Überwachung von Verhaltensrichtlinien zu schaffen, so genannte «Compliance Officers».[83] In vielen Fällen werden dafür externe, weil unabhängigere, Berater – zum Beispiel frühere Staatsanwälte – beigezogen. Dies unterstreicht auch die juristische Brisanz, die die Firmen potentiellem Fehlverhalten zuschreiben. Durch diese intern oder extern beauftragten Verantwortlichen, die sich meist nicht nur um Rechtslagen im engeren Sinn kümmern, wird auch sichtbar gemacht, dass blossen schriftlichen Weisungen, die nicht auch in ihrer Umsetzung überprüft werden, heute keine ausreichende Schutzwirkung mehr beigemessen wird. Natürlich sind die Maßnahmen auch im Lichte der extrem strengen US-amerikanischen Verhaltensrichtlinien (Ethics & Integrity-Massnahmen auf oberster Managementstufe) zu sehen und werden auch aus Marketing- bzw. Imagegründen eingeführt. Diese «interne Staatsanwaltschaft» wird hierarchisch meist direkt beim Vorstand angesiedelt. Allein ihre Existenz zeigt Wirkung. Die Personalabteilung von General Electric beschäftigt bei 300 000 Mitarbeitern inzwischen 550 Compliance Officers weltweit, was ca. 1 auf 600 entspricht.[84] Neben Korruption sind auch Themen wie Mobbing oder Umgang mit Problemfeldern in der Dritten Welt von Relevanz. «In grossen Unternehmen werden die Verhaltensregeln meist ‹kaskadenförmig› durch die Hierarchiestufen übermittelt: Für Führungskräfte gibt es Präsenzschulungen, weiter unten klicken sich Mitarbeiter durch E-Learning-Programme im Intranet. Bei Unklarheiten kann man das Handbuch mit den ‹Guidelines›, die ‹Compliance-Hotline› oder den Ombudsmann befragen.»[85] Es werden «Whistle Blowing»-Hotlines eingerichtet, wo Mitarbeiter anonym Beschwerden oder Rechtsverstösse melden können.

i) Feedback und Selbstreflexion

Natürlich muss erwartet werden, dass Mitarbeitende gegenüber ihren Vorgesetzten grundsätzlich loyal sind, das bedeutet jedoch kein Duckmäusertum und den Verzicht auf konstruktive Kritik. Das Geben von Feedback[86] ist ebenfalls sehr wichtig, obwohl es im Allgemeinen zu selten geschieht. Cohen argumentiert aus seiner Gruppenarbeit mit narzisstischen Patienten, dass das Feedback einerseits sehr hilfreich sein kann, aber auch genau der Befürchtung der sensitiven narzisstischen Persönlichkeit entsprechen könnte, negative Rückmeldungen zu erhalten. Er unterscheidet deswegen zwei Formen von Rückmeldung, die er als die *kybernetische* und die *intersubjektivistische* bezeichnet, wobei Letztere klar vorzuziehen sei, indem man vor allen Dingen etwas über seine eigene Wahrnehmung dem anderen gegenüber ausdrücke: «Im kybernetischen Modell soll Feedback die Empfänger über sich selbst informieren und sie damit zu einem veränderten Verhalten bewegen. Dieses Modell steht im Einklang mit dem narzisstischen Glauben, dass Wahrnehmungen anderer das eigene Wesen, Identität oder Wert kontrollieren. Das intersubjektive Modell hingegen konzentriert sich darauf, was das Feedback den Empfängern über ihre Sender mitteilt.»[87]

Es geht darum, ein Klima in der Organisation zu schaffen, das den offenen partizipativen Austausch fördert. Insgesamt ist es natürlich schwierig, hier klare Interventionsstrategien zu formulieren. Kets de Vries wies bereits 1997 auf die Möglichkeit von so genannten *«executive trainings»* und regelmässigen Feedback-Runden hin. «Mitunter tolerierte eine narzisstische Führungskraft Kritik im privaten Kreis, auch wenn sie öffentliche Kritik nicht erträgt.»[88]

> Holger Rust[89] bemerkt zu Recht, dass die Ansammlung von Jasagern, die sich wechselseitig bestätigen, das Krisenbewusstsein schwächt. «Fusionen, Expansionen, Prestigeobjekte werden kritiklos beklatscht. Die Anmassungen wachsen, bis hin zur himmelstürmenden Omnipotenzphantasie, wie viele New-Economy-Ikarusse sie goutierlich pflegten, bis ihnen die Flügel verbrannten.»

Obwohl klar ist, dass Manager sich in der Regel nicht einer Selbsterfahrung oder Psychotherapie unterziehen werden, fordert Sankowsky[90] dennoch auch bei ihnen ähnliche Selbstreflexion, wie sie auch von Psychotherapeuten verlangt wird, die in anderer Hinsicht auch der Gefahr des narzisstischen Machtmissbrauchs (dann gegenüber Patienten) unterliegen: Führer sollten versuchen, dasselbe zu tun oder zumindest parallel dazu sich selbst zu beobachten. Sie sollten insbesondere ihre eigenen Verhaltensweisen kritisch überprüfen, speziell auf negative Signale von Gefolgsleuten hin, indem sie ermitteln anstatt tadeln. Sie sollten miteinander beratschlagen. Auch sollte ihnen bewusst sein, dass bestimmte Gefolgsleute emotionale Reaktionen veranlassen können, und dass der Vorgang des Führens selbst tief sitzende Gefühle auslösen kann. Mit einem solchen Bewusstsein, solcher Absprache und Betrachtung sind sich Führer eher bewusst, sollten sie ihre Rolle und Macht ausnützen (Verfolgen versteckter Ziele und übertriebene Reaktion auf das Auslösen von Gefolgsverhalten).[91]

Salerno (2005) kritisiert allerdings die Tendenz unserer Gesellschaft zum permanenten Aufruf zur «Selbsthilfe» als narzisstisch: «Leuchtet es nicht ein, dass eine Gesellschaft, in der jeder die persönliche Befriedigung sucht, schwierig zusammenzuhalten ist? [...] dass die egozentrischen Individuen, die diese Gesellschaft ausmachen, es schwer finden, mit anderen egozentrischen Individuen in Beziehung zu treten, geschweige denn, ihnen Zugeständnisse zu machen?»[92]

Inzwischen gibt es Programme, die die Fähigkeit von Führungskräften zum Selbstmanagement unter hohem Druck fördern sollen. Dabei geht es u. a. darum, seine Reaktionsweise besser zu kennen, sich weniger von Irrationalitäten leiten zu lassen und auch bei grossem Erwartungs- und Bewertungsdruck zielgerichtet, effizient und situativ-kompetent zu entscheiden und zu führen.

Viele Karrieren scheitern nicht an fachlich schlechten Leistungen, sondern an Fehleinschätzungen und der mangelhaft entwickelten Fähigkeit, Warnzeichen zu erkennen.[93]

Möglicherweise wird in Zukunft die Vermittlung der Kenntnis eigener Defizite zu den wesentlichen Aufgaben von Business Schools gehören. Damit wäre die Gefahr von fundamentalen fatalen Fehleinschätzungen weniger hoch. Die Qualifizierung von Managern und zukünftigen Führungskräften würde stärker unter psychologischen Aspekten gesehen werden und der Charakter einer Person – und und eben nicht nur sein Charisma – deutlicher gewichtet werden. Ebenfalls als «matchentscheidend» kann die Fähigkeit angesehen werden, Stimmungen, Allianzen, Gegner oder Absteiger im Unternehmen zu identifizieren, Fürsprecher zu finden, Netzwerke aufzubauen. Je größer und internationaler ein Unternehmen ist, umso wichtiger ist es, ein solcher *Powerplayer* sein zu können und sein zu wollen. Dabei neigen nicht wenige Menschen, und natürlich auch Manager, dazu, unter grösser werdendem Druck «ihre Antennen einzufahren».[94]

j) Corporate Governance und Umdenken bei den Unternehmen?

Nicht zuletzt angesichts der extrem hohen Fluktuation auf den Sesseln der Vorstandsvorsitzenden scheinen Grossunternehmen wieder stärker internen Bewerbern Gewicht geben zu wollen. Die Zeit der «Retter», die von aussen kommen, aber eben nicht selten auch Schwierigkeiten gebracht haben, scheint vorbei zu sein. Die durchschnittliche Verweildauer für einen Vorstandsvorsitzenden betrug 2006 in Deutschland 4,7 Jahre. 15,4 Prozent aller Vorstandsvorsitzenden haben in diesem Jahr ihr Unternehmen verlassen, in 46% der Fälle waren diese Wechsel nicht geplant gewesen.[95] Es steht ausser Frage, dass eine solche Unruhe, die an die Trainerwechsel im Fussball erinnert, für Unternehmen nicht nur vorteilhaft ist. Internationale Übernahmen und das Prinzip des Share-Holder-Values haben zu dieser Tendenz beigetragen. In den Jahren von 1995 bis 2003 war der Anteil der Nachfolger für den Chefposten, die aus anderen Unternehmen kamen, von 14 auf 30% gestiegen[96] und ist jetzt wieder am Sinken. Vermehrt versuchen Unternehmen, interne Topleute für die Chefsessel aufzubauen. «Es hat sich gezeigt, dass Externe nicht unbedingt bessere Ergebnisse liefern als Manager aus den eigenen Reihen, es sei denn, eine Umstrukturierung steht vor der Tür.»[97]

Die Umsetzung internationaler Governance- und Compliance-Forderungen an Topmanager wird zukünftig vielleicht mehr Kontrolle mit sich bringen, aber auch die Anforderungen erhöhen. Auch scheinen die Aufsichtsräte wieder etwas stärker auf korrigierende Distanz zu den Vorstandsetagen zu gehen, was an sich ja ihre Aufgabe ist.

Seit einigen Jahren beginnen Unternehmen auch stärker, Aspekte wie «Corporate Governance»[98] und Corporate (Social) Responsibility,[99] im Sinne «unternehmerischer Verantwortung», zu beachten, ebenso «Codes of Best Practice» und wirtschaftsethische Leitlinien. Allerdings ist es so, dass die Corporate Governance und Corporate Responsibility bislang kaum auf die individuelle Ebene heruntergebrochen werden, sondern als reines Organisationsthema betrachtet werden. Die Ausnahme macht das Buch von Hausamann: *Personal Governance als unverzichtbarer Teil der Corporate Governance.*[100]

So wichtig Verantwortung und Nachhaltigkeit hinsichtlich der ökonomischen, ökologischen und sozialen Faktoren sind, so lassen sich diese nur durch entsprechende Verantwortung fördern. Ich bin der Ansicht, dass diese beiden wichtigen Aspekte unternehmerischen Handelns und seiner Positionierung unbedingt durch einen Bereich im Sinne von «Personal Responsibility» ergänzt werden sollten. Nur so kann es m. E. eine verantwortliche, qualifizierte, transparente und auf den langfristigen und nachhaltigen Erfolg ausgerichtete Führung geben, die der Firma und ihren Angestellten selbst, den Eigentümern (Aktionären), aber auch der Gesellschaft und externen Interessengruppen dient.

Wenn man die Kennzeichen guter Corporate Governance[101] wie folgt benennt, sieht man die Bedeutung auch der persönlichen Verantwortung:

- Funktionsfähige Unternehmensleitung,
- Wahren der Interessen verschiedener Gruppen (i. e. der Stakeholder),
- zielgerichtete Zusammenarbeit der Unternehmensleitung und -überwachung,
- Transparenz in der Unternehmenskommunikation,
- angemessener Umgang mit Risiken,
- Managemententscheidungen sind auf langfristige Wertschöpfung ausgerichtet.

Dass CEOs heute nicht mehr «Herrscher auf Lebenszeit» sind[102] – noch bis in die 80er Jahre wurde ein CEO in den Vereinigten Staaten praktisch nie entlassen –, ermöglicht zwar, schwarze Schafe, die sich bereichern oder diktatorisch gebärden, wieder loszuwerden, aber es droht die Gefahr, dass schneller Erfolgszwang (alles scheint auf die Zukunftsfähigkeit ausgerichtet) oder neuer Puritanismus hier massgeblich werden. («Die Wahrheit liegt natürlich gerade anders herum. Die meisten Aktionäre können ihre Aktien viel leichter verkaufen, als die meisten Angestellten eine andere Arbeitsstelle finden können.»[103])

Diesen Mentalitätswandel, weg vom autoritären CEO, beschreibt Murray (2007) in einem neuen Buch anhand des Machtverlusts von Carly Fiorina (Hewlett-Packard), Maurice R. «Hank» Greenberg (Versicherungsriese AIG) oder Harry Stonecipher (Boeing). Stonecipher war über eine Affaire mit einer Mitarbeiterin gestolpert, bei Greenberg war es sein «imperialer» Führungsstil, der zunehmend aufstiess, so hatte er im Firmenjet eine eigene Toilette nur für sich und liess sich vorzugsweise bei Besprechungen Tee servieren, ohne dass die Gäste welchen angeboten bekamen.[104] Auch der «Sonnenkönig» Dieter Spethmann wollte sich mitten durchs Düsseldorfer Thyssen-Hochhaus einen zusätzlichen Privatlift einbauen lassen, um direkt von der Strasse in sein Büro zu gelangen.[105] Murray geht davon aus, dass die grossen Unternehmen bemerkt haben, zumindest in den USA, dass sie für ihr Überleben das Wohlwollen der Öffentlichkeit brauchen und daher das alte Modell der «CEO-centric corporation» vorbei ist. Er fand auch in Interviews mit den Nachfolgern der entlassenden CEOs eine ganz andere Philosophie spürbar.

k) Gesamtgesellschaftlicher Wandel

Es kann an dieser Stelle nicht näher auf grundsätzliche Fragen eingegangen werden wie eine in der Wirtschaft aus gesellschaftspolitischen Gründen dringend notwendige Haltung des «ehrlichen Kaufmanns», der auch an die langfristige Zukunft des Unternehmens und seiner Arbeitgeber denkt, statt durch Gewinnmaximierungen (Shareholder-Value), Abfindungen, Ankäufe von Unternehmen zum Zweck, diese zu schliessen etc., alles aus den Unternehmen «herauszupressen», wieder zunehmen könnte und welche gesetzlichen Grundlagen dafür stärker beachtet werden müssten.[106] Khurana[107] hat darauf hingewiesen, dass die Manager bis in die 80er Jahre von Shareholdern, die diffuse Gruppen waren, kaum abhängig waren. Inzwischen sind jedoch institutionelle Investoren, die direkt Druck ausüben, stark angewachsen. Daneben spielen auch der Verlust religiöser Fundierungen, etwa im Solidaritätsprinzip der katholischen Soziallehre, die in der Vergangenheit dazu führten, dass Grossindustrielle oft soziale Einrichtungen schufen, zum Teil eine Rolle (Lk. 16, 13): «Ihr könnt nicht Gott dienen und dem Mammon.»[108] Wie Lasch[109] jedoch betont hat, «ist der Narzisst nicht an der Zukunft interessiert, teilweise weil er so wenig Interesse an der Vergangenheit hat.»[110] Er lebt nur in seiner individuellen Gegenwart. Interessant ist in diesem Zusammenhang der überall beklagte Rückgang an Zahlungsmoral im Wirtschaftsleben.[111]

Sattelberger[112] spricht gar von einem «neo-feudalistischen Führungsstil» der Manager als Distanzierungsversuch und Folge des Drucks von der Finanzseite und der Shareholder-Value-Orientierung.[113]

Die Gesetzgebung sollte den Trend unterstützen, dass Eigenschaften, die mit Verantwortungsbewusstsein zu tun haben, stärker unterstützt und solche, die mit (oft noch so gut begründeten) Bereicherungstendenzen zu tun haben, stärker geahndet werden.

Die Topmanager-Kaste selbst begründet die Legitimität der exorbitanten Gehälter (ob sie selbst daran glauben oder es nur vorgeben, mag dahingestellt sein) u. a. mit dem angeblichen Wettbewerb und solchen Gehältern, die weltweit bezahlt würden. Vermutlich führen Gehälter, die eine bestimmte Dimension erreichen, ob im Sport, der Musikszene oder dem Management, zu einem Verlust von Wirklichkeitssinn über das tatsächlich Geleistete.

Der Rekord für eine Abfindungssumme («goldener Fallschirm») liegt gegenwärtig bei 1,1 Milliarden US-Dollar, die Ende 2006 dem früheren CEO von United HealthGroup Inc., William W. McGuire, bezahlt wurde.[114] Die absoluten Spitzengehälter liegen heute teilweise bei 100 Millionen US-Dollar, etwa für David Calhoun, früher General Electric, der jetzt bei einer neu gegründeten Private-Equity-Gesellschaft arbeitet.

Dabei konnte man zeigen,[115] dass die einzelnen Manager weit weniger zum Erfolg des Unternehmens beitragen, als häufig vermutet wird.

10. Grundlagen der psychodynamisch-orientierten Organisationsberatung

10. Grundlagen der psychodynamisch-orientierten Organisationsberatung

Der Begriff *Psychodynamik* kommt aus der Theorie der Psychoanalyse. Die Psychoanalyse hat von Beginn an neben der Beschreibung der Dynamik im Individuum auch einen kulturkritischen Ansatz vertreten, der das Verhalten in Gruppen, Institutionen und Gesellschaften beleuchten sollte. Im *ursprünglichen* Sinne bezeichnet «Psychodynamik» die Beziehungen zwischen den verschiedenen inneren Instanzen und Strebungen einer Person. *Ein Teil* dieser Abläufe bleibt der Person selbst unbewusst, da sie sich der Kontrolle des bewußten Erlebens entziehen. Dadurch erhöht sich die Wirksamkeit dieser Abläufe. Diese unbewußten Vorgänge lassen sich nicht nur bei einzelnen Personen, sondern genauso bei Gruppen und Organisationen ausmachen (Lohmer, 2000).

Leider ist gerade in der managementorientierten Organisationspsychologie nach meiner Erfahrung dagegen noch immer stark die Modellvorstellung vorhanden, dass das Verhalten von Menschen nach einem bewusstseinsnäheren und rationaleren, lerntheoretischen einfachen Stimulus-Reaktion-Verstärker-Modell erklärt und gemanagt werden kann.

Auch Gabriel[1] spricht sich für eine Integration von psychoanalytischem Gedankengut für das Verständnis von emotionalen Prozessen, die in Organisationen wirksam sind, aus.

a) Historische Grundlagen

Psychodynamische Organisationsberatung ist eine im deutschen Sprachraum neue Form der angewandten und um betriebswirtschaftliche und systemische Kenntnisse erweiterten Psychoanalyse. Die Psychoanalyse hat sich als Forschungsansatz und therapeutische Praxis seit langem mit den Möglichkeiten von nachhaltiger Veränderung bei massiven Konflikten und Entwicklungsstörungen in Einzelnen und Gruppen befaßt. Neben diesem Veränderungswissen zeichnet sie sich durch ein der Aufklärung verpflichtetes Menschenbild aus: Nur wer die eigene abgewehrte Seite seiner Person kennenlernt, wird frei genug in seinen Entscheidungen, um sich, den anderen und der gemeinsamen Aufgabe gerecht zu werden.

Sie basiert im Wesentlichen auf dem so genanten *Tavistock-Modell*, das in London entwickelt worden ist,[2] und thematisiert die Verbindung zwischen den rationalen Zwecken und Abläufen einer Wirtschaftsorganisation und den unbewussten Prozessen.

Das Tavistock-Institut:

ist ein Ableger der *Tavistock-Klinik*, die 1920 in Tavistock Square in London gegründet worden ist. Das Institut, das 1946 gegründet wurde, wurde ursprünglich das *Tavistock-Institut für menschliche Beziehungen* (Tavistock Institute of Human Relations) genannt. Diese Institutionen waren vollständig privat, unterstützt von privaten Spenden.

Das Institut engagiert sich in Forschungs- und Konsultationsarbeit im Bereich Sozialwissenschaften und Angewandte Psychologie für die Europäische Union, verschiedene Abteilungen der britischen Regierung und private Auftraggeber. Das Institut verfügt über einen eigenen Verlag und ist Eigentümer und Herausgeber von *Human Relations*, einem internationalen Journal für Sozialwissenschaften.

Während des Zweiten Weltkrieges dienten viele der hauptberuflichen Tavistock-Angestellten als psychiatrische Spezialisten in den Streitkräften, wobei einige, insbesondere Psychoanalytiker Wilfred Bion, radikal neue Methoden zur Auswahl von Offizieren vorstellten, indem sie eine sogenannte «führerlose Gruppe» als eine Möglichkeit beobachteten, in welcher Männer Verantwortung für andere übernehmen könnten, und zwar eher abhängig von ihrer Vortätigkeit, als nur einfaches Befehlegeben. Dies führte zur Verringerung der Anzahl der zurückgewiesenen Bewerber.

Ab 1949 wurden vom Tavistock-Institut in England im Kohlebergbau Studien von Trist und Bamforth durchgeführt, bei denen es um die Auswirkungen der Mechanisierung und Arbeitsteilungen im Bergbau ging.

Es stellte sich heraus, dass die Bergleute eine Kombinationslösung der traditionellen Gruppenarbeit mit der damals neuen Bergbautechnik gefunden hatten. Es ließen sich Arbeitsteilung und Auflösung der Arbeitsgruppen vermeiden und es gab geringere Abwesenheitsraten, weniger Unfälle und höhere Leistungen als in anderen Gruben.

Eine Historie des Instituts findet man in «Das soziale Engagement der Sozialwissenschaften: Ein Tavistock-Sammelband»[3].

Die psychodynamische Organisationsberatung fokussiert u. a. fragen wie: Warum müssen ewige «Kronprinzen» in Unternehmen scheitern? Warum halten Mitarbeiter hartnäckig an alten Privilegien fest, statt sich engagiert und motiviert an einem existenziell notwendigen Veränderungsprozeß zu beteiligen? Was ist die unbewußte und verborgene Dynamik in und zwischen Organisationen, die fusionieren sollen – jenseits der offiziellen Rhetorik? Wie wirken sich völlig neue Formen der Arbeitsorganisation –, z. B. virtuelle Teams – auf die Arbeits- und Kooperationsfähigkeit von Mitarbeitern und Teams aus? Wie muß die komplexe Beziehung zwischen Führenden und Mitarbeitern gestaltet sein, damit kreative Arbeit zustande kommt? Es ist bekannt, dass es in den letzten Jahren zunehmend zu dem Problem der so genannten «inneren Kündigung» gekommen ist, d. h. die Mitarbeitenden sich vom Management zunehmend innerlich distanzieren, indem sie angestellt bleiben, den «psychologischen Vertrag»[4] jedoch kündigen.

Solche Fragen lassen sich nicht allein aus den bewußten und rationalen Motiven der in Organisationen Handelnden beantworten, sie sind auch Ausdruck einer unbewußten Dynamik des Einzelnen, der Gruppe und der Organisation als Ganzes. Es gibt mittlerweile viele Ansätze, die beschreiben, wie Unternehmensentwicklung und Veränderungsprozesse gestaltet werden können. Trotzdem sind die Ergebnisse in vielen Fällen enttäuschend. Entwicklungsprozesse scheitern oft deshalb, weil mit diesen Ansätzen die Tiefendimension von Entwicklungsprozessen nur unzureichend erfaßt werden kann. Zumeist bleibt offen, wodurch Widerstände und Blockaden gegen Veränderungen entstehen und wie *die für den Widerstand verbrauchte Energie* in *produktive Energie für die Umsetzung von Zielen* verwandelt werden kann. Die psychodynamische Organisationsberatung auf der Basis des Tavistock-Modells fügt anderen Ansätzen der Organisationsentwicklung nicht eine weitere Methode hinzu, sondern stellt für jede entwicklungsorientierte Arbeitsweise Konzepte und «Brillen» zur Verfügung, die helfen können, Phänomene wie die eingangs gestellten Fragen aus einer neuen Perspektive zu betrachten. Dabei zeigt sich, dass viele betriebliche Strukturen, Rituale, aber auch manche Ansätze der Unternehmensberatung unbewußt der Vermeidung von emotionaler Erschütterung, Angst und Unsicherheit dienen. Es sind aber gerade diese emotionalen Prozesse in Organisationen, die darüber entscheiden, ob Kreativität und originelle Lösungen möglich werden. Dann werden aus Mitarbeitern auch *Träger der unternehmerischen Entwicklung* und aus Managern *Leader*. Auch strategische Entscheidungen sind in hohem Maße davon abhängig, inwiefern die mit Entscheidungen verbundenen Konflikte und Ambivalenzen berücksichtigt oder ausgeblendet werden[5].

An der Management-Hochschule INSEAD in Fontainebleau hat Professor Manfred Kets de Vries seit einigen Jahren dieses Modell ausgebaut. (<URL: http://www.insead.edu/facultyresearch/faculty/profiles/mketsdevries/>).

Inzwischen kam es auch zur Gründung einer eigenen Gesellschaft zur Erforschung und Beratung von Organisationen aus Psychodynamischer Perspektive: der «International Society for the Psychoanalytic Study of Organizations (ISPSO).»[6] Weitere wichtige psychodynamisch orientierte Organisationspsychologen, die sich mit «Führerschaft und emotionalem Leben» in Organisationen beschäftigt haben, sind Yiannis Gabriel (University of Bath), Howard S. Schwartz (Oakland University), Michael A. Diamond (Harry S. Truman School of Public Affairs der University of Missouri-Columbia), Rakesh Khurana (Harvard University Business School) sowie besonders auch die Psychoanalytiker Michael Maccoby (Washington, DC; 1978-1990 Direktor an der J. F. Kennedy School of Government, Harvard University) und Otto F. Kernberg (früherer Präsident der Internationalen Psychoanalytischen Vereinigung). Darüber hinaus haben sich auch andere Wissenschaftler auf dem Gebiet der Betriebswirtschaftslehre mit der Psychologie von Führern und Managern beschäftigt, z. B. Abraham Zaleznik (1974) oder Harry Levinson (1972).

Die Psychopathologie von Organisationen war auch Thema des 1997 gegründeten EuroScience Open Forum (ESOF) im Jahr 2004 in Stockholm. Nach Angaben des New Yorker Psychologen Paul Babiak zeigten 2% der Manager deutlich psychopathologische Züge. Babiak räumte dabei ein, dass es eine verzerrte Wahrnehmung gebe, die generell dazu führe, dass im Allgemeinen mehr psychopathische (dissoziale) Züge bei Angehörigen von Führungsetagen in allen Berufen (Chefredakteure etc.) vermutet würden, dass dies jedoch grundsätzlich nicht so für alle Bereiche gelte, wohl aber für das Management.[7]

b) Basis der psychodynamisch-orientierten Organisationsberatung

Das Klinische Paradigma in der Organisationsberatung geht von folgenden vier Grundannahmen aus:

1. Hinter jeder menschlichen Handlung – mag sie noch so irrational wirken – kann ein Beweggrund gefunden werden.
2. Ein Grossteil von mentalen Prozessen, Gefühlen und Motiven verläuft unbewusst.
3. Nichts ist so determinierend für das, wie eine Person wirklich ist, wie der Ausdruck und die Regulation ihrer Gefühle.
4. Menschliche Entwicklung ist ein intra-, aber auch interpersonaler Prozess.

Somit könnte man vielleicht sagen, dass die zentrale Grundlage aller psychodynamisch-orientierten Überlegungen zur Führung *in einer Kritik am Primat der Rationalität liegt.* So kritisiert Kets de Vries in einem Interview mit der Harvard Business Review[8], dass in der umfangreichen Literatur über Führung wirksames und erfolgreiches Management überwiegend über rationale Elemente erklärt wird.[9]

Psychodynamische Organisationsberatung geht also von der Prämisse aus, dass die in Unternehmen und Organisationen tätigen Menschen, Gruppen – ja das Unternehmen selbst – durch das wirksame Vorhandensein auch unbewusster Prozesse (zum Beispiel Konflikte, Abwehrmechanismen, Objektbeziehungen, Übertragungen bzw. Gegenübertragungen und Strukturniveaus) bestimmt werden und entsprechend beschrieben werden können.

Ohne dies hier näher auszuführen, wird deutlich, dass die Analyse von Organisationen im Wesentlichen erst durch die Erweiterungen der Psychoanalyse nach der reinen Trieb- und Ich-Psychologie (also insbesondere durch die sogenannte Selbstpsychologie und die Objektbeziehungstheorie der 60er und 70er Jahre) ermöglicht wurde. Gruppenprozesse waren zuvor zum Teil zu wenig stringent rein triebtheoretisch etwa als «massenhysterische» Dynamiken erfasst worden.[10] Von Bedeutung für die psychodynamische Organisationspsychologie wurden weiterhin die theoretischen psychoanalytischen Konzepte von Melanie Klein und der von ihr beeinflussten W. R. Bion und Kernberg (1984), die in besonderem Masse auch destruktive Prozesse – wie Neid oder Hass – und ihre Abwehrfunktionen im Menschen beschrieben haben.

c) Die «klinische Perspektive» in der Organisationsberatung

Als der Begründer einer geradezu klinischen Perspektive in der Organisationsberatung kann, wie bereits erwähnt, der niederländische Betriebswirtschaftsprofessor und in Kanada ausgebildete Psychoanalytiker Manfred F. R. Kets de Vries bezeichnet werden, der an der Management-Hochschule INSEAD in Fontainebleau tätig ist.[11]

Kets de Vries überträgt in seinem Ansatz wichtige Ergebnisse aus der psychoanalytisch orientierten Psychotherapie und Gruppendynamik auf Organisationen, Unternehmen und Führungspersönlichkeiten.[12] Hier eine gute Zusammenfassung des Paradigmas:

«Patienten in psychiatrischen Kliniken sind leicht zu verstehen, weil sie an extremen Zuständen leiden. Das geistige Befinden von Topmanagern ist viel subtiler. Sie sind nicht allzu verrückt, da sie es ansonsten nicht zu solch leitenden Positionen bringen würden, aber sie sind gleichwohl sehr getriebene Leute. Bei der Analyse sehe ich gewöhnlich, dass ihr Antrieb von Verhaltensmustern aus der Kindheit und von ins Erwachsenenalter übernommenen Erfahrungen geprägt ist. Manager hören dies nicht gerne, weil sie sich gerne als total kontrolliert sehen. Sie sind beleidigt, wenn sie hören, dass bestimmte Dinge in ihrer Psyche unbewusst sind. Doch Menschen – ob man will oder nicht – haben blinde Stellen, und die nichtrationalen Persönlichkeitsbedürfnisse von Entscheidungsträgern können den Managementprozess stark beeinflussen.»[13]

Die frühkindliche Vergangenheit ist auch für dieses Modell von entscheidender Bedeutung. Weiterhin sind Übertragungs- und Gegenübertragungsprozesse wichtig. Eine populärwissenschaftliche Annäherung an das Thema findet sich in dem verbreiteten Buch von Hesse u. Schrader «Die Neurosen der Chefs» (1994).

d) Methodologische Kritik am klinischen Ansatz

Eine methodologische Kritik könnte die Frage der Übertragbarkeit solcher klinischer Modelle in die Welt des Managements betreffen. Man könnte einwenden, dass die Bedeutung (auch unbewusster) psychologischer Dynamik überschätzt wird, dass dagegen stärker rationale, eben vor allem auch ertragsorientierte und von aussen gesteuerte Kräfte wirksam sind. Ich persönlich halte diesen Ansatz jedoch, wenn er nicht verabsolutiert wird, für eine wertvolle Bereicherung.

Ein anderes methodologisches Problem besteht in der unzureichenden Berücksichtigung von sozio-kulturellen und transkulturellen Faktoren. So werden wahrscheinlich in Brasilien zum Teil andere «Skills» notwendig sein als zum Beispiel in Norwegen oder in Russland, um erfolgreich ein Unternehmen und Mitarbeiter zu führen. Hierzu gehören konfessionelle Aspekte, Hierarchien, Aggressivität, Mann-Frau-Interaktionen etc. Die psychodynamischen Modelle beanspruchen für sich universale Geltung, was als teilweise überholt zurückgewiesen werden muss.

11. Empirische Studien zu Narzissmus, Führung und verwandten Konzepten

11. Empirische Studien zu Narzissmus, Führung und verwandten Konzepten

Erfreulicherweise greift inzwischen die akademische Psychologie, die sich mit dem Selbstwertkonzept (und damit einhergehend Aggression oder Delinquenz) beschäftigt, auch das Narzissmus-Konzept auf[1] und stellt Verbindungen zwischen Selbstwertgefühl, Narzissmus-Konzept und externalisierenden Verhaltensproblemen (Impulsivität etc.) her. Tracy und Robins (2003) beschreiben in ihrer Arbeit *Death of a (narcissistic) salesman* (Tod eines narzisstischen Verkäufers) den Zusammenhang zwischen Inferioritäts- und Schamgefühlen sowie der Tendenz – aus Gründen der Abwehr –, diese zu externalisieren und Mitmenschen mit Ärgerlichkeit bis hin zu Feindseligkeit zu begegnen. Gegenwärtig beginnt die Persönlichkeitspsychologie ebenfalls die – in der psychodynamischen Psychotherapie schon länger bekannte – Abgrenzung zwischen «echtem» und «falschem» (mit protektiver Funktion) Selbstwert, wie man ihn bei Narzissmus unterscheidet.[2]

Narzissmus ist, wie gezeigt werden konnte, im Übrigen ein komplexes Konstrukt und es ist nicht einfach, funktionale und dysfunktionale Aspekte zu differenzieren.[3]

In der Persönlichkeitspsychologie mit ihrem dimensionalen Persönlichkeitsmodell dominiert gegenwärtig das *Big-Five-Modell*, das folgenden fünf dimensional vorhandenen Persönlichkeitsmerkmalen[4] besonderes Augenmerk schenkt (z. B. Costa u. McCrae, 1990):

1. Extraversion/Introversion
2. Verträglichkeit
3. Gewissenhaftigkeit
4. Neurotizismus
5. Offenheit für neue Erfahrungen

Nach diesem Modell werden Personen mit hohen Narzissmus-Werten als «disagreeable extraverts»[5] beschrieben.

Die vielbeachtete «Threatened Egotism Hypothese» von Baumeister und Mitarbeiter[6] wurde in den letzten Jahren auch stärker in Richtung Aggressivität und Psychopathie untersucht.[7] Psychopathie scheint übewiegend mit Extremformen des Narzissmus korreliert zu sein.

Narzissten funktionieren z. T. tatsächlich, was das Erfüllen von Leistungstest angeht, besser unter Stress als andere Personen.[8] Dies besonders dann, wenn die Möglichkeit zur Selbstverstärkung gegeben ist. Die Autoren diskutieren, ob – trotz der negativen Auswirkungen auf Teams – narzisstische Teammitglieder auch «Vorteile» für die Aufgabenerfüllung von Teams bringen könnten (z. B. durch ein weniger angepasstes Verhalten, höhere Bereitschaft zu widersprechen, Widerstand gegen den Gruppenzwang).

Besonders «schwere» Narzissten überschätzen sich deutlich.[9] Wobei insgesamt beim Menschen die Tendenz besteht, sich besonders in den Bereichen zu überschätzen, wo man besonders schlecht, und tendentiell eher zu unterschätzen, wo man besonders gut ist.[10]

Narzissten treffen Fehlentscheidungen mit dem Gefühl grösserer Gewissheit, beanspruchen Leistungen anderer als ihre und klagen dafür andere für ihre eigenen Fehler an.[11]

Empirisch gezeigt werden konnte, dass Personen mit stärker narzisstischen Zügen in interpersonellen Beziehungen eher dominieren, was für die Übernahme von Führungspositionen spricht.[12] Gleichzeitig halten sie sich besser als andere[13], zeigen einen Mangel an Empathie für ihre Umgegbung[14] und nutzen andere aus, um ihre eigene Aufgabenerfüllung zu steigern.[15] Der so genannte *Self-Service Bias* (SSB)[16] zeigte sich auch, wenn der Partner bei der Aufgabenerfüllung eine sehr nahe stehende Person war.

Personen mit hohen Narzissmus-Werten zeigen in empirischen Experimenten auch grössere Verärgerung, wenn eine Aufgabe misslingt[17] bzw. bei Niederlagen, aber eine stärkere emotionale Reaktion bei Erfolg. Daraus resultiert eine in der Persönlichkeitspsychologie als «self-defeating behavior» bezeichnete Eigenschaft[18], was am ehesten mit «selbst-sabotierend» übersetzt werden könnte. Empirisch konnte – entsprechend der psychoanalytischen Theorie – nachgewiesen werden, dass Ärger und Wut mit Grandiositätsgefühlen zu tun haben. Narzissten erschienen auch weniger dankbar.[19]

Es konnte weiter auch gezeigt werden, dass diese Personen auf eine negative Evaluation gekränkt und z. T. hoch aggressiv reagierten.[20] Stucke und Sporer[21] konnten ferner zeigen, dass Ärger und Depression wichtige Mediatorvariabeln sind, damit es nach einem Misserfolgserlebnis bei Personen mit höheren Narzissmus-Werten zu stärkerem Ärger kommt. Dagegen fanden Ruiz und Mitarbeiter[22], dass Feindseligkeit nicht generell mit Narzissmus assoziiert ist.

Doch Personen mit hohen Narzissmus-Werten zeigen nicht diese interaktionellen Probleme, wie von psychodynamischer Seite schon länger vermutet, sondern es finden sich auch von empirisch-psychologischer Seite deutliche

Hinweise, dass sich vermehrt psychische Pathologie findet.[23] Die Personen zeigten insbesondere stärkere emotionale Schwankungen («Höhen und Tiefen»)[24], mehr Ärger[25], mehr Langeweile und Sensationssuche («Sensation Seeking»[26]), mehr Extraversion[27], ein instabiles und stark von der sozialen Interaktion abhängiges Selbstwertgefühl[28], sie reagieren stärker mit Beschämungsgefühlen[29] und Zurückweisungen aller Art[30] und sind deutlich impulsiver.[31]

Die empirische Literatur fasst stark narzisstisch-gestörte Personen als schwer beeinträchtigte Personen auf. «Es kann ohne Übertreibung behauptet werden, dass die Hypothese, grosse Narzissten seien psychologisch kränklich, den gegenwärtigen Subtext des etablierten Persönlichkeits- und sozialen Psychologiedenkens darstellt.»[32]

Auch von empirisch psychologischer und nicht psychodynamischer Seite konnte ein Zusammenhang zwischen Gewalt bzw. Aggression und Egoismus (bzw. Narzissmus) hergestellt werden.[33] Allerdings fällt auf, dass diese Autoren[34] den Narzissmus oder Egoismus mit einem insgesamt zu hohen Selbstwertgefühl gleichsetzen. Sie argumentieren, dass es nicht niedriger Selbstwert sei, der zu Aggression oder Gewalt führe, sondern Angriffe gegen das zu hohe Selbstwertgefühl (die «Threatened Egotism Hypothesis») und die damit verbundenen Superioritätsgefühle. Allerdings ist da möglicherweise die psychodynamische Sichtweise, dass ein übersteigert wirkendes Selbstwertgefühl einen in Wirklichkeit eben doch niedrigen Selbstwert abzuwehren sucht, hilfreicher. Denn es erscheint nicht so plausibel, warum jemand, der *tatsächlich* ein gefestigtes hohes Selbstwertgefühl aufweist, sich darin so schnell irritieren lassen sollte.

Personen mit höheren Narzisssmus-Werten zeigen eine höhere Beschäftigung mit sich selbst als mit anderen und in diesem Sinne eine grössere Zielorientheit[35], was im Management vorteilhaft sein kann. Aggressivität (bis hin zu offener Aggression) und Autoritarismus ist ebenfalls im Allgemeinen stärker mit Narzissmus korreliert.[36]

In einer interessanten empirischen Arbeit konnten Sedikides et al. (2004) nachweisen, dass normaler bzw. gesunder Narzissmus mit psychischer Gesundheit (Abwesenheit von Traurigkeit, Ängstlichkeit) und Wohlbefinden korreliert war. Lediglich der Narzissmus, der gleichzeitig mit guten Selbstwertgefühlen assoziiert war, zeigte diesen Effekt. Dies weist in die Richtung, dass pathologischer (übersteigerter) Narzissmus mit eigentlich niedrigem Selbstwert («Pseudoselbstwert») und normaler Narzissmus mit gutem oder hohem Selbstwert qualitativ unterschiedlich sind.

Das Bedürfnis nach Macht und Einfluss war bei 69 College-Studenten[37] positiv mit Narzissmus-Werten korreliert. Es zeigte sich dabei interessanterweise kein Unterschied zwischen den Geschlechtern. Narzissmus-Werte bzw. die Messung des «Bedürfnisses nach Macht» korrelierten jedoch nicht mit sozialen Interessen.

Die narzisstischen Personen, die das stärkste ausbeuterische Verhalten zeigten, wiesen allerdings auch die grösste Unangepasstheit *(maladjustment)* auf.[38]

Es gibt einige wenige Arbeiten, die bereits relativ früh den Zusammenhang von Narzissmus und Erfolg im Management dargestellt haben, so etwa Bruhn (1991). Erst in der jüngsten Zeit allerdings beginnt sich auch die akademische Psychologie mit dem Zusammenhang von Narzissmus und den Auswirkungen auf Führung und Zusammenarbeit an Arbeitsplätzen zu beschäftigen.[39] Peterson et al.[40] konnten empirisch einen Zusammenhang zwischen der Persönlichkeit des Chief Executive Officer (CEO) (bei 17 CEOs), dem ranghöchsten Manager, der Gruppendynamik im Top-Management-Team und der Leistung (performance) der Organisation nachweisen.

12. Zusammenfassung und Fazit für die Praxis

12. Zusammenfassung und Fazit für die Praxis

Dieses Buch zeigt, dass die (insbesondere psychodynamisch-orientierte) Organisationsberatung neben progressiven und konstruktiven Prozessen auch regressive und destruktive Prozesse berücksichtigen sollte.

Thesenhaft möchte ich folgende Schlussfolgerungen und Interventionsstrategien ableiten:

1. *Mit Personal- und Organisationsberatung betraute Personen und Institutionen sollten vermehrt auch das Vorhandensein von destruktiven bzw. malignen Prozessen beachten.*
2. *Diese Prozesse können sowohl Individuen wie auch Gruppen betreffen.*
3. *Neben bewussten Prozessen spielen auch unbewusste Dynamiken und Regressionen eine Rolle.*
4. *Häufig werden solche Strukturen erst in Phasen von Krisen oder Stress sichtbar.*
5. *Aufgabe einer psychodynamisch geschulten Beratung sollte es sein, grundsätzlich produktive und progressive Prozesse und Reaktionsweisen, die es natürlich selbstverständlich ebenfalls gibt, von regressiven und destruktiven unterscheiden zu können.*
6. *Diese Sichtweise steht jedoch etwas im Kontrast zum «Geist», der m. E. das Personalmanagement und die Organisationspsychologie dominiert, wo eher «Potentiale» betont werden (müssen), als sich mit möglichen strukturell bedingten Chancenlosigkeiten zu beschäftigen.*
7. *Eine Aufgabe von Personalberatung, Coaching, Supervisionen, Personalentwicklung, Personalauswahl etc. sollte es demnach sein, vermehrt auch auf tatsächliche Unverträglichkeiten hinzuweisen und zum Beispiel gelegentlich die Empfehlung auszusprechen, sich von destruktiven Managern zu trennen, statt in (unter Umständen) vergebliche Entwicklungsarbeit zu investieren.*
8. *Die Kenntnis und Diagnostik von pathologischen Persönlichkeiten und Prozessen sollte vermehrt gelehrt werden, damit Entscheidungsträger und ihre Berater entsprechende Signale und Symptome deuten können.*

Narzissmus ist ein Persönlichkeitsmerkmal, das in einem Kontinuum zu sehen ist. Es reicht von quasi normalen Formen über neurotische Konfliktlagen bis hin zu eigentlichen Persönlichkeitsstörungen, die in ihrem Extrem zu malignem oder destruktivem Narzissmus oder sogar Psychopathie ausarten können. Während die leichteren oder produktiven Formen auch viele Ressourcen beinhalten, die allerdings unter krisenhafter Belastung auch zusammenbrechen können, stellen Personen mit schweren Narzissmus-Formen ein Risiko dar, sobald sie Führungsrollen übernehmen. Die Gefahr, dass sie stark einseitig eigennützige Interessen über die Interessen der Gemeinschaft stellen oder aus Wut destruktiv agieren, darf nicht übersehen werden. Dabei sind mit stärker narzisstischen Persönlichkeiten oftmals Eigenschaften verknüpft, die sie in den Augen der Gefolgsleute geradezu prädisponiert für Führungseigenschaften erscheinen lassen: Initiative, Begeisterungsfähigkeit, Energie, Charisma, Charme. Diese Konstellation erfordert ein besonders sorgfältiges Augenmerk besonders bei der Personalauswahl.

Trotz der Bedeutung von Persönlichkeit und Charakter im Management sollte nicht übersehen werden, dass – besonders charismatische – Führung immer auch eine Art der besonderen Beziehungskonstellation zwischen Führungskraft und Geführten meint, «die selbstverständlich nicht durch Personenmerkmale alleine konstituiert ist.»[1]

Nicht eingegangen werden konnte in dieser Übersicht auf mögliche Implikationen des Geschlechts von Führern und Geführten. Es ist zu vermuten, dass weiblich geführte Organisationen zum Teil andere Dynamiken entfalten lassen. Nicht eingegangen werden konnte auch auf die psychodynamischen Dimensionen, die mit ödipalen Konflikten, Elternübertragungen etc. im Zusammenhang mit Führung zu tun haben. Hier ginge es etwa um Aspekte wie das Rivalisieren mit dem Führer oder den Wunsch, sich auf ihn verlassen zu können.[2]

Für die Anwendung des Narzissmus-Konzepts im Management möchte ich drei Einschränkungen machen:

- Es ist fraglich, ob es wirklich eine strenge Trennung zwischen normalem und pathologischem Narzissmus gibt oder ob es sich nicht um Übergänge handelt.
- Gesprochen wird von narzisstisch gestörten Persönlichkeiten sowohl

bei sozial desintegrierten Personen wie etwa Drogenabhängigen, als auch bei Personen, die gesellschaftlich höchst erfolgreich sind. Es stellt sich natürlich die Frage, ob diese wirklich alle in einen Topf geworfen werden können und welches ggf. die Kriterien sein könnten, ob jemand mit narzisstischen Zügen erfolgreich ist oder massiv scheitert.

- Problematisch bleibt, dass der Begriff «Narzissmus» heute beliebig verwendet wird, kein verbindlicher «Goldstandard» vorhanden ist, bzw. mit anderen Konzepten konkurriert[3] und deshalb in seinem Erklärungswert eingeschränkt erscheint. Ich plädiere deshalb für präzisere Definitionen oder Kriterien bis hin zur Verwendung von genau bezeichneten Instrumenten (dies müssen keine Tests sein).

Es hat den Anschein, dass die Welt des Managements zunehmend die Psychologie und Psychotherapie zwecks Anwendung entdeckt. Natürlich hat diese Entwicklung in Richtung einer «Psychologisierung» von immer mehr Lebensbereichen auch ihre Schattenseiten. Es sollte jedoch am Beispiel von Führung und Machtmissbrauch im Management der Wert dieses Ansatzes deutlich geworden sein.

Eine Führungsperson muss «ihre gesunden narzisstischen und auch ihre aggressiven Strebungen in ihre Arbeit einfliessen»[4] lassen, wie in diesem Buch gezeigt wurde. Auch für Kernberg[5] ist «*die Machtausübung ein wesentlicher, unvermeidbarer Teil der Führung und verlangt von der Führungskraft, dass sie sich die aggressiven Aspekte ihrer eigenen Persönlichkeit problemlos zunutze machen kann.*» Trotz der zahlreichen kritischen Überlegungen zum Narzissmus kommt auch Volkan[6] zu dem Schluss, dass «eine ausreichende Portion Narzissmus, ja selbst übertriebener Narzissmus, meines Erachtens notwendig ist, um als politischer Führer etwas bewirken zu können. Es ist sein Narzissmus, der ihn sich wohlfühlen lässt in seiner Haut als Nummer eins».

Macht führt jedoch auch zu einer (teilweise) gesunden Stärkung narzisstischer Züge im Individuum: «Der Narzissmus ist nicht nur eine der zentralen psychischen Voraussetzungen zur Ausübung von Macht, sondern die Ausübung von Macht ist auch ein wirkungsvolles Stimulans für das narzisstische Selbsterleben. Wer erfolgreich seinen Willen durchzusetzen vermag, fühlt sich narzisstisch gestärkt.»[7]

Auf einige Aspekte konnte in diesem Buch nicht eingegangen werden. Zum Beispiel, ob es wirklich zu einer Art von «Abhängigkeit» oder «Sucht» nach Macht kommt und wie dies zu erklären ist oder was das Geführtwerden (etwa durch einen narzisstischen Führer) komplementär bei den Geführten auslöst, bis hin zu Formen des Widerstands. Nicht eingegangen werden konnte auf die Frage, ob narzisstische Personen tatsächlich andere Einflusstechniken verwenden wie Koalitionsbildungen, Konsultationen, Einschmeicheln etc., wenn sie mit Untergebenen, Vorgesetzen und Peers zu tun haben.[8]

Der in diesem Buch vertretene psychodynamische Ansatz verlangt eine dialektische Betrachtungsweise: Weder ist die Persönlichkeit des Führers alleine relevant, noch ist sie irrelevant und das soziale System alleine entscheidend. Stattdessen sind soziale Strukturen und Traditionen, äussere Gegebenheiten und Stressoren, Projektionsvorgänge auf Seiten der Mitarbeiter, gruppendynamische Prozesse (Regressionen) und die Persönlichkeit subtil miteinander verwoben. Alle diese Faktoren tragen zum Führungsstil bei, der wiederum Rückwirkungen auf die Dynamik hat und entscheidet über Erfolg oder Misserfolg im Management.

Eine andere entscheidende Dialektik betrifft die Balance, die für erfolgreiche Manager notwendig erscheint, zwischen *Egokompetenzen* (Fähigkeiten, die dem Individuum helfen, die eigene Karriere voranzutreiben, Gespür für die Wirkung der eigenen Person, Selbstkontrolle, Nutzen von Gruppendynamiken für eigene Zwecke) und *Altrokompetenzen*[9] (wie Integrationsfähigkeit, Konfliktfähigkeit etc.).

Lawrence[10] argumentiert, dass wohl beide Pole, «extremer Narzissmus» wie «extremer Sozialismus» (hier nicht im Sinne der politischen Bewegung gemeint), scheitern müssen, und plädiert für ein Balance von generativem Narzissmus und generativem Sozialismus, die nur gemeinsam eine kreative Kultur in einer Organisation herstellen können.

Interessant wäre auch die Frage, ob der Habitus des Managers[11] – als grundlegende Haltung zur Welt verstanden – ein anderer ist als der des klassischen Unternehmers, und der Manager, weil er meist auch nicht Eigentümer oder Aktionär ist, tatsächlich in stärkerem Masse zu missbräuchlichem, narzisstischem Handeln neigt. Topmanager müssten heute mehr den Investoren dienen als dem Unternehmen selbst, was teilweise fatale Folgen hat.[12]

Wenn Personalverantwortliche und Manager ihr Instrumentarium um die Kenntnis psychologischer und psychoanalytischer Mechanismen erweitern und bei der Auswahl von Mitarbeitern somit sorgfältiger vorgehen würden, dann hätten es destruktive Narzissten oder gar Psychopathen weit schwerer als heute, in Unternehmen Fuss zu fassen und Schaden anzurichten.

Am Ende möchte ich nochmals, wie zu Beginn dieses Buches, Max Weber zitieren, der über den Machtmissbrauch in seiner berühmten Rede von 1919, ohne das Narzissmus-Konzept als solches zu kennen, aber nach wie vor gültig sagen konnte: «*Der bloße ‹Machtpolitiker›, wie ihn ein auch bei uns eifrig betriebener Kult zu verklären sucht, mag stark wirken, aber er wirkt in der Tat ins Leere und Sinnlose. Darin haben die Kritiker der ‹Machtpolitiker› vollkommen recht. An dem plötzlichen inneren Zusammenbruch typischer Träger dieser Gesinnung haben wir erleben können, welche innere Schwäche und Ohnmacht sich hinter dieser protzigen, aber gänzlich leeren Geste verbirgt.*»

Wie schrieb Sumantra Ghoshal, Professor für Strategisches und Internationales Management, am Ende seines Lebens,[13] der wie andere ein auch stärker sozial und sozialwissenschaftlich ausgerichtetes «Positive Organizational Scholarship»[14] forderte: «Warum überdenken wir nicht grundlegend das Corporate-Governance-Thema?»[15]

13. Anmerkungen

13. Anmerkungen

Zu diesem Buch

1   Süddeutsche Zeitung, 25. März 2007 (Ressort Job & Karriere).
2   Ogger, 1992, 135.
3   Rust, 2002.
4   Barbara Friedhelmi in: http://www.amazon.de/Arschloch-Faktor-Robert-I-Sutton/dp/3446407049.

Kapitel 1

1   Storn, 2007.
2   KPMG, 2007.
3   Z.B. Lohmer, 2004.
4   In Lohmer, 2004 auch ein Kapitel «Führung aus psychoanalytischer Sicht» (65–144). Eine – damals noch relativ wenig beachtete – Pionierarbeit in Deutschland war die Buchveröffentlichung dazu von Mertens und Lang, 1991.
5   Siehe Schreyögg u. Sydow, 1999.
6   Z.B. Kernberg, 2000.
7   2004.
8   Volkan et al., 1998.
9   Rosenthal, 2006.
10   Ronfeldt, 1994.
11   Siehe dazu Wirth, 2006.
12   Wirth, 2006, 158.
13   Volkan, 2006, 225.
14   «Given human nature's tendency to view with suspicion and disbelief processes that take place under the surface of consciousness, it comes as no surprise that the collective unconscious of organizational life continues to sustain the myth that what we can directly see (i.e., that which is conscious) is all that matters. Many scholars of organizations (including many organizational consultants) studiously avoid any immersion into the unconscious and deny its impact on business and political behavior, social dynamics and outcomes. They like to believe that all organizational decisions are based on rational economics» (Kets de Vries u. Balasz, 2005, 6).
15   «It is only in recent years (unlike the situation in historical literature, for example) that psychological research has begun to discuss leadership as a phenomenon that can also be negative» (Popper, 2002, 798).
16   S. Hildebrandt-Woeckel, Frankfurter Allgemeine Zeitung, 14. Oktober 2006, Seite C5.
17   Kernberg, 1998; dt. 2000, 101.
18   Hirschhorn, 1990; Horowitz und Arthur, 1988.
19   «Have made highly centralized, bureaucratic hierarchies obsolete, and require our understanding of

effective leadership to shift from the leader alone to the context in which leadership can be exercised.» (Kratz, 1990).

20   «… The leadership literature contains very little empirical psychological research on the development of leaders» (Popper 2002, 806).

Kapitel 2

1   Burns, 1978; Bullock, 1991.
2   Insbesondere dazu: Peter Gronn (1993; 1995).
3   Abbildung aus: http://www.tu-chemnitz.de/bps/wirtschaft/bwl5/fuehrungstheorien/.
4   Wiklund, 1978.
5   1977; dt. 1987.
6   Schumann, 2005.
7   Maccoby, 1989 zum Teil zitiert nach Frankenberger, 2003.
8   Siehe auch Potter, 2002 zum Zusammenhang von Bindungstheorie und narzisstischer Führung.
9   Obwohl diese hypomanen Persönlichkeiten nicht leicht für Kritik an ihrem Persönlichkeitsstil zu gewinnen sind, gibt Kets de Vries (1999, 13) einige Hinweise für Strategien im Umgang (beispielsweise Coaching).
10   Eine Weiterentwicklung dieser «Typenlehre» der Führung mit ihren irrationalen Elementen hat Kets de Vries (2001) vorgelegt.
11   Kets de Vries, 1996:
   • Healthy leaders are able to live intensely.
   • They're passionate about what they do.
   • That's because they are able to experience the full range of their feelings – without any color blindness to any particular emotion.
   • At the same time, healthy leaders strongly believe in their ability to control (or at least affect) the events that impact their lives.
   • They're able to take personal responsibility; they are not always scapegoating or blaming other people for what goes wrong.
   • Healthy leaders don't easily lose control or resort to impulsive acts.
   • They can work through their own anxiety and ambivalence.
   • Healthy leaders are very talented in self-observation and self analysis.
   • The best leaders are highly motivated to spend time on self-reflection.
   • Another factor is that healthy leaders, unlike the less healthy ones, have the ability to deal with the disappointments of life.
   • They can acknowledge their depression and work it through.
   • Very importantly, they have the capacity to establish and maintain relationships (including satisfactory sexual relationships).
   • Their lives are in balance, and they can play.
   • They are creative and inventive and have the capacity to be nonconformist.
12   Diese Beobachtung verdanke ich Prof. Grünwald, Universität Lüneburg.
13   Kernberg, 1998; dt. 2000, 63.
14   Diesen Punkt vertritt auch Kramer (2002).
15   Kernberg, 1998, 63/64.
16   Lohmer 2000. Kernberg, 1998; dt. 2000, 79.

17   Vgl. auch Kets de Vries, 1991; Hirschhorn und Barnett, 1993. Zur Psychodynamik von Führung siehe auch Klein et al. (1998).

18   Vgl. auch Kets de Vries, 1996.

19   Lohmer, 2000.

20   Vgl. auch Lazar, 1998.

21   Aus: Lohmer, 1979, 1980 und 2000.

22   Kernberg, 2002, 153.

23   Horowitz u. Arthur, 1988.

24   1921, 124.

25   Wilhelm Reich, 1936; Althusser, 1976.

26   Bion (1961), Rice (1965), Anzieu (1981), Turquet (1975) Chasseguet-Smirgel (1975), Kernberg (1998; dt. 2000) oder Volkan (2006).

27   Anzich, 1981.

28   Chasseguet-Smirgel, 1975.

29   «(1) The leader as someone who cares for his/her followers; (2) the leader as someone accessible; (3) the leader as someone who is omnipotent and omniscient; and (4) the leader as someone who has a legitimate claim to lead others» (Gabriel, 1997).

30   Siehe 1969/70; 1976.

31   1997.

32   «It is then suggested that the leader may be seen as a reincarnation of the primal mother, restoring the members' narcissism and rewarding them for who they are rather than for what they have achieved. Alternatively, the leader may be envisioned more closely to the Freudian image of father substitute, who rewards and punishes, arousing at once fear, loyalty, jealousy, and suspicion. It is suggested that the former is close to Kohut's account of charismatic leadership fantasy, while the latter is closer to his account of messianic leadership fantasy.» (Gabriel, 1997).

33   Mentzos, 1976.

34   2006.

35   Siehe dazu Barsade, 2002.

36   Kernberg, 1998, dt. 2000, 167.

37   Kernberg, 1998, dt. 2000, 169.

38   Siehe Kernberg, 1991.

39   Wirth, 2006, 162.

40   «Everywhere, power goes hand in hand with corruption--everywhere, that is, except in the literature of business leadership. To read Tom Peters, Jay Conger, John Kotter, and most of their colleagues, leaders are, as Warren Bennis puts it, individuals who create shared meaning, have a distinctive voice, have the capacity to adapt, and have integrity. According to today's business literature, to be a leader is, by definition, to be benevolent.»

Kapitel 3

1   Modell, 1975.

2   Jones, 1913.

3   Tartakoff, 1966.

4   Bursten, 1973.

5   Sutton, 2006. Horowitz und Arthur (1988) beschreiben in ihrer heute bereits klassisch zu nennen-

den Arbeit, die Dynamik von narzisstischer Wut, die durch rechthaberische Führer ausgelöst werden kann. Insbesondere in den Jahren des Vietnam-Kriegs, der in den Vereinigten Staaten traumatisch erlebt worden ist, wurde von psychiatrischer Seite auch versucht, Zusammenhänge zwischen Aggression und Gewaltexzessen im Kriegsgeschehen mit dem Narzissmus herzustellen (Fox, 1974; Bey Jr. u. Smith, 1971; Bey jr. U. Zecchinelli, 1974).

6   «Grand, ungodly, godlike man».

7   «For this hunt my malady becomes my most desired health».

8   Murray, 1962.

9   «Absolute evil cannot be derived from a mild form of pride, but only form the most extreme form, which I shall call *absolute malignant pride*, or *malignant narcism*» (Murray, 1962, 529).

10   Babiak u. Hare, 2006; Stout, 2006.

11   Stout, 2006.

12   In ihrem Aufsatz «Charismatiker und ihre Nachfolger».

13   <URL: http://www.schreyoegg.de/index.php?option=com_content&task=view&id=20&Itemid=33>.

14   1993, 112.

15   «Fear of failure, fear of success, perfectionism, procrastination, and workaholism. He then describes how perfectionist overachievers can damage their careers, their colleagues' morale, and the bottom line by allowing anxiety to trigger self-handicapping behavior and cripple the very organizations they're trying so hard to please.»

16   APA, 1994.

17   Im ICD-10 (WHO 1991) findet sich die narzisstische Persönlichkeitsstörung sogar nicht einmal als eigene Kategorie (ausser in einem späteren Anhang als provisorisches Kriterium) – der Grund lag im mehr psychoanalytischen Ursprung dieser Konzeption, die manchen Psychiatern suspekt erschien. Allerdings beschrieb Kurt Schneider schon 1923 in seinem Buch «Die psychopathischen Persönlichkeiten» unter den Merkmalen der von ihm so genannten *«geltungsbedürftigen Persönlichkeit»* Merkmale, die bereits sehr der späteren Kategorie «narzisstische Persönlichkeitsstörung» entsprechen. Suizidalität wird in der traditionellen medizinisch-psychiatrischen Forschung in der Regel nicht systematisch erhoben und ausgewertet, sondern oft ausgeblendet: «Ein Beispiel bietet das Standarddiagnoseinstrument ICD-10: Obwohl Suizidalität bei allen psychiatrischen Erkrankungen erhöht ist, wird sie nur als potentielles Begleitsymptom der depressiven Episoden, der posttraumatischen Belastungsstörung und der emotional instabilen Persönlichkeitsstörung erwähnt» (Gerisch et al. 2000, 14 f).

18   Maier et al., 1992.

19   «It's not enough that I succeed, everyone else must fail.»

20   Zu dieser Manager-Biographie siehe auch Wilson, 1999.

21   Diesen Hinweis verdanke ich Prof. W. Grunwald, Universität Lüneburg.

22   Miller et al., 1996.

23   First et al. 1997.

24   Deneke u. Hilgenstock, 1989.

25   Gunderson et al. 1990.

26   Emmons, 1984.

27   Siehe Ruiz et al. 2001.

28   Auch zum Machiavellismus (siehe unten) gibt es mehrere Skalen (Klapprott, 1975; Cloetta, 1972; Henning u. Six, 1977).

29   Fiedler, 2001.

30   Borderline-Persönlichkeitsorganisation im Sinne von Kernberg.

31   Die folgenden Ausführungen folgen zum Teil Dammann u. Gerisch (2005).

32   Hier natürlich nicht in der engeren selbstpsychologischen Bedeutung.

33   Worauf bereits Abraham 1924 hinwies.

34   Nach Beland, 1989.

35   Autoren wie Bibrig, A Reich, E. Jacobson, J. Sandler und besonders Kohut.

36   Kernberg, 2002, 132.

37   Morrison, 1989.

38   Tangney u. Dearing, 2002.

39   Levin, 1967.

40   Broucek, 1982; Wurmser, 1987.

41   Freud, 1914.

42   Freud, 1921.

43   Griffin u. Bartholomew, 1994; Popper, 2002.

44   Campell et al., 2002b.

45   2003; 2004.

46   Raubolt, 2004.

47   Einen Zusammenhang zwischen Charisma und Narzissmus stellt auch Schmidt-Lellek (2004) her.

48   2003.

49   Kohnt, 1969/70; 1976.

50   «Genetically important is the fact, as formulated in gross approximation, that these persons suffe-
      red early severe narcissistic injuries, mainly because of the unreliability and unpredictability of the
      empathic responses to them from the side either of echoing-mirroring or of idealized self-object.»

51   Altmeyer, 2000.

52   Siehe dazu auch Wirth, 2006.

53   1998; dt. 2000, 84.

54   Wirth, 2006, 160

55   Argelander, 1972.

56   234.

57   237.

58   Cremerius, 1984, 234, 237f.

59   1998, dt. 2000.

60   Zitiert nach Coutu, 2004, 68: «I remember being in a meeting once in southern Europe. Thirty senior
      executives were gathered for a presentation about the future of the organization. The president was
      a very wealthy man who used to brag that he would need ten lifetimes to spend all his money. Not
      surprisingly, his office was filled with enormous statues and paintings of himself. He arrived twenty
      minutes late for the meeting, and he came in talking on a mobile phone. Nobody acted annoyed.
      Eventually the presentation started, and the CEO's phone rang. He picked it up and talked for fifteen
      minutes while everybody sat there, waiting. Suddenly the CEO got up and said he had to go. This
      was the most important meeting of the year, and he just walked out. But no one, not one person,
      objected. Everyone told him what he wanted to hear».

61   Zur quasi religiösen Dynamiken von oberster Führerschaft in Organisationen siehe auch Gabriel
      (1997).

62   Kohut, 1971.

63   Vgl. Steiner, 1985.

64   Lohmer, 2004, 23.

65   Dührssen, 1967.

66   «Geschlecht und Charakter» (Wien, 1903).

67   Zum Narzisstischen Machtmissbrauch und Zusammenbruch siehe auch Wirth 2006, 163-4.

68 Winnicott, 1965.
69 Helene Deutsch, 1942.
70 Kets de Vries, 2005.
71 Auch neuere empirische Studien zur Suizidalität konnten in diesem Zusammenhang zeigen, dass neben der psychiatrischen Erkrankung eine komorbide Persönlichkeitsstörung besonders häufig bei Patienten mit Suizidversuchen und Suiziden festgestellt wurde (Foster et al. 1999; Yen et al. 2003). Zum einen konnte nachgewiesen werden, dass die Impulsivität der Patienten als ein Risikofaktor für Suizidalität gelten kann (Hawton et al. 2003); weiterhin war die Häufigkeit psychopathologischer Kriterien im DSM- IV-Klassifikationssystem für die histrionische, die antisoziale, die Borderline- und die narzisstische Persönlichkeitsstörung generell mit der Häufigkeit und Schwere der Suizidversuche assoziiert (Corbitt et al. 1996).
72 Smith u. Eyman, 1988.
73 Was eine besondere Gefährdung dieser Patientengruppe darstellt, was sich auch empirisch nachweisen liess (Clark u. Fawcett, 1992).
74 Hart, 1947; Reik, 1947; Moore, 1975.
75 Kohut, Kernberg, Grunberger.
76 Pulver (1970) schreibt lakonisch: «In the voluminous literature on narcissism, there are probably only two facts on which everyone agrees: first, that the concept of narcissism is one of the most important contributions of psychoanalysis, second, that it is one of the most confusing.»

Kapitel 4

1 Nicholas u. Penwall, 1995.
2 Atwater et al., 1995.
3 Kikpartrick u. Locke, 1991. House und Howell (1992) fanden, dass wirklich erfolgreiche Führer hoch in der *Hemmung von Machtbedürfnissen* («inhibition of power needs») abschnitten, aber dafür niedrig im Machiavellismus, Narzissmus und Autoritarismus.
4 Seit House, 1977.
5 zitiert nach Rathgeber, 2002, 52.
6 1995, 881.
7 Übersetzung aus Rathgeber, 2002, 46.
8 Wie House und Mitarbeiter (2004) in der «Global Leadership and Organizational Behaviour Effectiveness (GLOBE)»-Studie zeigten.
9 Zitat aus: Die Welt der Bosse», von Marc Brost und Arne Storn, Die Zeit, 14.12.2006.
10 Ogger, 1992, 199.
11 Hogan et al. 1994.
12 «Implicit leadership theory suggests that we choose as our leaders those people who seem most «leader-like» (Hogan et al. 1994). These individuals are intelligent and honest, but also charismatic, confident, and aggressive. In other words, our selection process can be tautological, we make nonleaders into leaders because they seem like leaders to begin with» (Rosental 2006, 49/50).
13 «Prestige, power, beauty, intelligence, or moral stature» (Post, 1986, 679).
14 «For failing to live up their own exaggerated expectations» (Kets de Vries, 1997, 238).
15 In der neueren politischen Psychologie war es vor allem Jerrold Post, der in einigen Arbeiten den Zusammenhang zwischen terroristischen und anderen Führern und dem Kernbergschen Konzept des malignen Narzissmus beleuchtet hat (1994, 1986, 1993).

16   Haffner, 1978.

17   Enzensberger, 2006.

18   (Siehe zu den Auswirkungen destruktiver Wut bei Führern auch Horowitz und Arthur, 1988, oder
      Glad, 2002). Auch House und Shamir (1993) beschreiben, wie ein narzisstischer Führer sich schliess-
      lich gegen die Ziele der Organisation, die er eigentlich vertreten sollte, wenden kann.

19   Orland et al. 1990.

20   Krainz u. Gross, 1998; Kets de Vries, 1998; Beal, 2001; Rust, 2002.

21   Krainz u. Gross, 1998.

22   Ronfeldt, 1994.

23   Dies entspricht auch dem von Jaques (1955) beschriebenen Paranoiagenese-Konzept in Gruppen.

24   «A destructive-constructive Messianism; 2. high, moralizing ideals that justify violence; 3. a demand
      for absolute power, loyality, and attention; 4. a fierce sense of struggle that may turn self-sacrificial.»

25   «Purport to deal with ‹realities›, but serve to reinforce mythical perceptions» (Edelman 1971, 96).

26   Glad, 2002.

27   «May have some advantages in rising to power, and his behavior may be an effective response to
      some real-life factors.»

28   *«but once he has consolidated his position his reality-testing capacities diminish. Fantasies held in check
      when his power is limited are apt to become his guides to action. As a consequence, his behavior becomes
      more erratic, he runs into difficulties in meeting his goals, and his paranoid defenses become more exag-
      gerated.»*

29   Horowitz u. Arthur, 1988.

30   «a) Ruination: The organization succumbs; b) Blood Bath: The leader removes most subordinates and
      starts over by a massive expenditure of his resources; c) Mutiny: The leader is removed, perhaps by a
      new hero who challenges and defeats him, and himself becomes the leader.»

31   «In bad scenarios the last phase is one containing institutional ruin, bloodbaths, or mutinies. Under-
      standing the inference of individual and group dynamics on a theme of narcissistic injury may help
      prevent such disasters» (Horowitz u. Arthur, 1988).

32   O'Neil u. Sankowsky, 2001.

33   Baum, 1992.

34   Reich, 1922.

35   Weitere Subtypisierungsversuche stammen von Rosenfeld (1990), Gabbard (1986), Gersten (1991),
      Bursten (1973) oder Wink (1991).

36   Wink u. Donahue, 1997; Masterson, 1988, Cooper, 1998.

37   Horowitz u. Arthur, 1988.

38   «Even a subordinate's hesitation in carrying-out a leader's command can be misinterpreted as a
      threat, thus triggering an angry outburst-a narcissistic rage.»

39   Quelle: «Narcissistic rage in leaders: Why Leaders Make a Mistake, Can't Fix it and Won't Admit it.»,
      <URL:http://www.harpercollins.com.au/drstephenjuan/0407news.htm>.

40   Diamond u. Allcorn, 1997.

41   1995.

42   Kets de Vries, 1984.

43   *«Ich meine eine gewisse spannungsvolle Langeweile, die die Betreffenden mit keinerlei Zerstreuung hin-
      dern können, gepaart mit einer für sie selbst qualvollen Arbeitsunfähigkeit. ‹Faulheit mit Gewissensbissen›
      …»* (Ferenczi, 1919).

44   Tartakoff, 1966.

45   Oglensky, 1995; Sankowsky, 1989.

46   «a complex emotional attachment and understood as a dynamic process-one which considerably

reflects and conforms around the internal needs, dispositions, and conflicts of the individual in the subordinate position. … Patterns of relating to authority crystallize in the earliest years of life in connection with parents and that by way of patterned movements throughout the life-course, persons choose and modify contexts that sustain these patterns» (Oglensky, 1995).

47   «… That the bond between many charismatic leaders and their followers endures so powerfully for the very reason that they urgently need one another to regulate uncertainty» (Brothers, 2003).

48   Oberholzer, 2004, 92.

49   Lohmer, 2004, 298f.

50   Siehe auch Lohmer, 2005b und Lohmer, 2006.

51   Lohmer, 2004, 298.

52   Lohmer, 2005b, 352.

53   Oberholzer, 2004.

54   2002a,b.

55   Wie der Soziologe Georg Simmel zu Anfang des 20. Jahrhunderts analysierte, ist es die Funktion des Fremden, Hoffnung und Versprechen zu vermitteln.

56   «Crowning Napoleon: The Making of the charismatic candidate», Kapitel 6 aus Khurana, 2002a.

57   Wirth, 2006, 165.

58   Sulkowicz, 2004.

59   «The confidants keep their leaders' best interests at heart. They derive their gratification vicariously, through the help they provide rather than through any personal gain, and they are usually quite aware that a person in their position can potentially abuse access to the CEO's innermost secrets. Unfortunately, almost as many confidants will end up hurting, undermining, or otherwise exploiting CEOs when the executives are at their most vulnerable. The author has identified three types of destructive confidants. The reflector mirrors the CEO, constantly reassuring him that he is the ‹fairest CEO of them all›. The insulator buffers the CEO from the organization, preventing critical information from getting in or out. And the usurper cunningly ingratiates himself with the CEO in a desperate bid for power» (Sulkowicz, 2004).

60   Ogger, 1992, 139-146.

61   «Explanations pivoting on the idea of bounded rationality – that rationally functioning organizations may collapse because of a lack of information or the capacity to process such information – are found not to apply.»

62   «Macht macht bitter und krank.» Interview mit Mario Erdheim, Frankfurter Allgemeine Sonntagszeitung, 30.7.2006, Nr. 30, 27.

63   Gross, 2006.

64   «They suffer from the ‹genius-to-folly syndrome› according to which they are ‹forced› to abandon prudence, caution, and restraint. The fault lies not in their moral flaws or individual weaknesses, but in the pressures inherent in the pursuit of power.»

65   «The systems through which we select our leaders force executives to sacrifice the attitudes and behaviors that are essential to their survival once they have reached the top. Society has learned to consider risk taking and rule breaking as markers of good leadership. As a result, CEOs and other leaders lack the modesty and prudence needed to cope with the rewards and trappings of power. They come to believe that normal limits don't apply to them and that they are entitled to any spoils they can seize.»

66   «‹Wer von der Politik einmal gegessen hat›, sagte Konrad Adenauer wenige Monate vor seinem Rücktritt einem Besucher, ‹der möchte immer mehr und immer mehr. Politik ist eine Leidenschaft. Sie kann zum Laster werden, wenn man sich ihr zu sehr ergibt.› Nicht zufällig tauchen hier Vorstellungen auf, wie wir sie von Suchtkranken kennen. Der Abschied wird zu einer Entziehungskur, deren

Notwendigkeit natürlich möglichst lange verdrängt wird. Wer von der Politik gegessen hat, wird nicht über Nacht zum Vegetarier, er leidet an dem Entzug von Macht, Öffentlichkeit, Apparat, von Wirkungsmöglichkeiten. … Der Beruf des Politikers aber verführt, ja zwingt dazu, festzuhalten – die Macht, die Menschen, das Glück, das Bild der Omnipotenz. Dass jeder Abschied auch ein Anfang ist – diese Erkenntnis wird dem Politiker bitter hart. Pointiert ausgedrückt: Er arbeitet an verkappten Unsterblichkeitsprojekten. … Ein oft verzweifelter, jedenfalls hoffnungsloser Versuch.» (Zundel, 1989).

67   Wie es in einem sehr brillanten Essay von Zundel (1989) hiess.

68   Witte, 2002.

69   Für die umgekehrte Sichtweise (Deformation als Folge) sprechen aber zum Beispiel das berühmte Stanford-Gefängnisexperiment von Zimbardo und Mitarbeitern (Haney et al., 1973) und die Milgram-Experimente (Milgram, 1963), die zeigten, dass aus «ganz normalen» Durchschnittspersonen – unter bestimmtem sozialem Druck – grausame Aufseher werden können.

70   Morf et al., 2000.

71   Allerdings gibt es auch bedeutsame Ausnahmen; erinnert sei nur, um einen Namen eines Mannes zu nennen, dessen Biographie in jüngster Zeit näher beleuchtet wurde, an den amerikanischen Schriftsteller Truman Capote, der nicht gerade ein Adonis war.

72   Shafi, 2007.

73   Hamermesh u. Jeff, 1994.

74   Vielleicht eine Erklärung, warum attraktive Frauen oft als dümmlich in Witzen apostrophiert werden («Blondinen-Witze»). Zitat aus Shafi, 2007.

75   Umberson u. Hughes, 1987.

76   Diener et al., 1995.

77   Langlois et al., 2000.

Kapitel 5

1   Wilte, 2002.

2   Siehe zu den «Theorien der sozialen Macht» etwa Witte, 2002.

3   Dazu auch Ghoshal, 2005, 82 f.

4   «Eine neue Art von Druck», Interview mit R. Khurana, Die Zeit, 14. Dezember 2006, 27.

5   Luhmann, 1975.

6   Parsons, 1963.

7   Luhmann, 1975, 10.

8   Korrekter wäre es, von «Legitimität» zu sprechen. Legitimität zur Macht führt (zumindest im Idealfall) wiederum zu einem Gefühl persönlicher Verpflichtung der Institution gegenüber, die den Führenden mit Macht ausgestattet hat.

9   Kernberg, 1998, 139.

10   Sankowsky, 1995.

11   Christie u. Geis, 1970.

12   Delia u. O'Keefe, 1976.

13   Zitiert nach: Witte, 2002.

14   «The high Mach's salient characteristic is viewed as coolness and detachment. In pursuit of largely selfdefined goals, he disregards both his own and others´affective states and therefore attacks the problem with all the logical ability that he possesses. He reads the situation in terms of perceived

possibilities and then proceeds to act on the basis of what action will lead to what results.» (Christie u. Geis, 1970, 350).

15   Cherulnik et al., 1981.

16   Z. B. Henning u. Six, 1977.

17   Christie u. Geis, 1970.

18   Biscardi u. Schill, 1989.

19   Kelman, 1961, nach Witte, 2002.

20   French u. Raven, 1968.

21   Geis u. Moon, 1981.

22   Cherulnik et al. 1981.

23   Christie u. Geis, 1970.

24   <URL: http://www.schreyoegg.de/index.php?option=com_content&task=view&id=20&Itemid=33>.

25   2002.

26   Popper et al. 2000.

27   Mumford et al. 1993; O'Connor et al. 1995; Popper et al. 2000.

28   Willner, 1984.

29   Conger u. Kanungo, 1988.

30   Deluga, 1997.

31   Zaleznik, 1974.

32   Wie bereits Meloy, 1986.

33   Bourgeois et al. 1993.

34   Ronfeldt, 1994.

35   «This surprisingly high relative incidence of narcissistic personality features may be related to a self-selection bias on the part of persons choosing a military career. Narcissistic personality traits may confer adaptive advantage in certain military professional roles» (Bourgeois et al. 1993).

36   Chemers et al., 2000.

37   Sümer et al., 2001.

38   Adaptive und maladaptive Formen von Narzissmus werden neben der Wirtschaft und Politik auch im Klerus, Militär und Hochschule beschrieben (Hill u. Yousey, 1998).

39   Dazu Grünwald, 1980; 2006.

40   Siehe dazu Gerlach, 2000; Kreisky, 2001.

41   Hertmann, 1996; 2002; 2004.

42   Feldmann, 1988.

43   Siehe Grunwald, 1995a.

44   Grünwald, 1980, 2006, Hartmann, 2002.

45   Mosca, 1884.

46   Michels, 1911.

47   Khurana2002a.

48   «Similarly, in the CEO labor market, stories, gossip, and legends about some executives travel farther than those about others, irrespective of various individuals' abilities or accomplishments. Indeed, in the case of CEOs, it would sometimes be difficult to maintain the charisma of the leader if the focus were on his or her actions on the job. Whereas, in the past, charisma was attributed to a particular individual because of his or her deeds, this becomes problematic when those deeds include, say, firing tens of thousands of people while reaping multi-million-dollar bonuses. In today's corporate folklore (which mirrors the psychologizing of public language in American society generally), charisma is often found to be rooted not so much in specific actions and accomplishments as in an individual's ability to overcome some personal handicap. Thus, for example, Jack Welch's biogra-

phers prominently note that their subject had to overcome a stutter as a young boy, an achievement that supposedly gave him what it takes to run a giant corporation. John Chambers' biographers observe that this future CEO had to conquer dyslexia and claim that his ability to do so is, in part, what enabled him to build Cisco Systems.»

49   Lasch, 1979, Sennett, 1977.

50   Lasch, 1995, 307.

51   Lasch, 1995, 310.

52   Diamond, 2006.

53   «… Ideologies ‹click› with the psychology of their standard bearers (Kernberg 2003, 694).»

54   Diamond, 2006, 172.

55   Race, 2002.

56   Auch dazu Grünwald, 2006, 6.

57   Dies entspräche auch dem Kriterium 8 der Narzissmus-Klassifikation nach DSM-IV (APA, 1994): «ist häufig neidisch auf andere oder glaubt, andere seien neidisch auf ihn/sie».

58   Grünwald, 2006, 8.

59   Berg, 1995.

60   Schwartz, 1990, 1991.

61   Stein, 2003.

62   Sally Helgesen (1991) «Frauen führen anders.»

63   Keine fundamentalen Unterschiede im berühmten Gehorsamkeitsexperiment von Milgram (unbekannten Versuchspersonen potentiell tödliche Stromschläge zu verpassen, wenn sie falsch antworteten) wurden für Männer wie Frauen gefunden, die jeweils 65% bis zur maximal angegebenen Stromstärke gingen. Siehe auch die Meta-Analyse von Hyde (2005) zu Geschlechtsunterschieden in der Psychologie.

64   Eagly, 2003.

65   Hannover u. Kassels, 2003.

66   «As women's access to traditionally male-dominated roles increases, they are perceived to have more masculine characteristics; in other words, the stereotype of women is dynamic. In contrast, men's role stability leads to perceptions that they are stable in their characteristics» (Diekman et al., 2004).

67   Pratto et al., 1994.

68   Eagly et al., 1995.

69   Eagly und Mitarbeiter, 1992.

70   Eagly et al., 2003.

71   Bernard Bass, 1985.

72   Nach Bass und Avolio, 1994. Übersetzung aus: http://www.tu-chemnitz.de/bps/wirtschaft/bwl5/fuehrungstheorien/.

Kapitel 6

1   «It is argued that one critical component in the orientation of leaders is the quality and intensity of their narcissistic development. In this paper, the relationship between narcissism and leadership is explored. Using concepts taken from psychoanalytic object relations theory, three narcissistic configurations found among leaders are presented: reactive, self-deceptive, and constructive. Their etiology, symptomatology, and defensive structure is discussed» (Kets de Vies und Miller, 1985).

2   Auch Conger (1997).
3   Maccoby, 2001a.
4   Kohut, Kernberg, Basch etc.
5   Maccoby, 2000.
6   Rosenthal, 2006.
7   Rosenthal, 2006, 44.
8   Weitere wie Omnipotenz wären vorstellbar.
9   Siehe Morf u. Rhodewalt, 2001a,b; Harwood, 2003; Post, 1986, 1993.
10   Steinberg, 1991.
11   Siehe dazu Horowitz u. Arthur, 1988; Glad, 2002.
12   Siehe dazu Glad, 2002; Kramer, 2003; Paulhus u. Williams, 2002.
13   Worauf etwa Maccoby (2000), Campbell (2001) oder Post (1986) hingewiesen haben.
14   «Suggests that today's hectic and chaotic business world necessitates leaders who, rather than playing the role of solid foundation to companies that change at a glacial pace, are grand visionaries and innovators» (Rosenthal, 2006, 47).
15   Bennis u. Nanus, 1985.
16   Rathgeber, 2005, 50.
17   Baum und Mitarbeiter, 1998.
18   Hoch und Mitarbeiter, 1999.
19   Siehe Rathgeber (2005, 50).
20   Robins u. Paulhus, 2001.
21   «The qualities needed to form a group may be different from those required to maintain it.» (Hogan et al., 1994, 499).
22   Passend dazu ein Zitat von George Bernard Shaw: «Kings are not born: they are made by artificial hallucination.»
23   «The current research on narcissism and leadership accords well with the idea that narcissism is positively linked to attaining a leadership position, but not necessarily to performing well in that position» (Rosenthal 2006, 52).
24   «The benefits of narcissism wane with time» (Rosenthal, 2006, 52).
25   Darauf hat auch Paulhus (1998) hingewiesen und wurde jüngst von Pittinsky und Rosenthal (2006) sogar empirisch bestätigt.
26   «In our study [Pittinsky u. Rosenthal, 2006] members of small project groups (five members per group) reported in the first month of the group's existence that the more narcissistic group members provided more leadership than did the less narcissistic members. However, by the end of the semester (and the end of the group's existence), narcissistic group members were no longer viewed as leaders.» (Rosenthal, 2006, 52).
27   «However, some laboratory-based research suggests that it may be related to narcissists' overconfidence and overevaluation of their contributions to work. For instance, in their review of narcissism research relevant to workplace issues, Robbins and Paulhus (2001) state that «narcissistic individuals have inflated views of themselves compared to objective measures or others's subjective views regardless of whether they are evaluating their task performance, personality traits, expected academic performance, behavioural acts, intelligence, or physical attractiveness» (205). In other words, narcissists' inflated assessments of their abiliy are not accompanied by greater ability (Campbell et al. 2004). For instance, narcissism is related to job satisfaction for people in sales (as well as to their comfort with ethically questionable sales behaviours), but not to their actual sales performance (Soyer et al. 1999). Narcissists believe that they are empathetic (that they can understand others' intentions and emotions); however, they overestimate their social judgment skills much more than do others

(Ames u. Kammrath, 2004). Narcissists make riskier decisions and are less interested in low-risk decisions than non-narcissists, and thus lose more often than do non-narcissits (Campbell et al. 2004). However, their predictions about future performance (even on similar future tasks) are not tempered by their actual past performance on those tasks.» (Rosenthal 2006, 52).

28   Kernberg, 1998, dt. 2000, 103.

29   Grunwald, 2006, 6.

30   Khurana, 2002a,b.

31   Babiak u. Hare, 2006.

32   Eine populäre, allerdings etwas oberflächliche Darstellung des Problems erfolgte bereits 1992 durch das Buch «Nieten in Nadelstreifen. Deutschlands Manager im Zwielicht» durch Günter Ogger (1992).

33   Siehe auch Grunwald, 1993.

34   Kets de Vries et al., 2006.

35   Mit guter Reliabilität und Konstruktvalidität.

36   Christie u. Geis, 1970.

37   Henning u. Six, 1977.

38   Marcus, 2000.

39   Ones et al., 1993, Hoffmann u. Wilmer, 2005.

40   Eine Forderung, die Horaz in einem Gedicht stellt: Integer vitae scelerisque purus (Rein im Leben und frei von Missetat).

41   Schmidt u. Hunter, 1998.

42   Psychologischer Integritätstest (PIT).

43   Nach Hoffmann et al. 2006, 61.

44   Hoffmann et al. 2006.

45   Dazu Reinhold, 2007.

46   Hugentobler und Mitarbeiter, 2007.

47   Maccoby, 2003.

48   Coutu, 2004, 66.

49   «Healthy leaders are talented in self-observation and self-analysis, Kets de Vries says. The best are highly motivated to spend time on self-reflection. Their lives are in balance, they can play, they are creative and inventive, and they have the capacity to be nonconformist. Those who accept the madness in themselves may be the healthiest leaders of all.» – «Leaders on the Couch» (Kets de Vries, 1990).

50   Kernberg, 1998, dt. 2000, 105. Was nach Kernberg mit seiner internalisierten Objektbeziehungspathologie zusammenhängt.

51   Allerdings – so zumindest mein Eindruck – tun sich fast alle Menschen schwer mit Kritik.

52   «Gargantuan ego contributed to the demise of the company» (Collins, 2001).

53   Collins, 2001.

54   Kramer, 2003: «1. They simplify their lives, remaining humble and ‹awfully ordinary›.
2. They shine a light on their weaknesses instead of trying to cover them up.
3. They float trial balloons to uncover the truth and prepare for the unexpected.
4. Sie ärgern sich nicht über den Kleinkram, bzw. kümmern sich auch Details.
5. And they reflect more, not less.»

55   Rust, 2002.

56   Knecht, 2006.

57   Sutherland, 1940.

58   Alaletho, 2003.

59   Der Befund, den Hirschi und Gottfredson (1987) beschrieben.

60   Knecht, 2006.

61   KPMG, 2007.

62   Puntas Bernet, 2007.

63   Alle Angaben nach Puntas Bernet, 2007.

64   <Http://www.seeci.ch/>.

65   Dazu Thissen, 2006.

Kapitel 7

1   Buber, 1960, 34

2   Siehe dazu auch Grunwald, 2000.

3   Bion, 1961.

4   Vgl. auch Kernberg, 1988.

5   Lohmer, 2000.

6   Lohmer, 2005.

7   Auf das epistemologische Problem, inwieweit ein Konzept aus der individuellen Pathologie (Narzissmus) auf ganze soziale Gruppen, Zivilisationen etc. übertragen werden kann, wie dies Kohut, Erich Fromm (1973), Post oder Lasch getan haben, kann hier nicht eingegangen werden.

8   «The dimensions of narcissistic and paranoid regression thus emerge as major axes around which regressive social pathology crystallizes, and they link the psychopathology of the leader with the nature of regression in small and large unstructured groups, and with the regressive quality of paranoid mass movements and ideology formation» (Kernberg, 2003, 694).

9   Parry u. Proctor-Thomson, 2002.

10   Bion, 1961.

11   Lemche, 2002.

12   Lemche, 2002.

13   Lemche, 2002.

14   Lemche, 2002.

15   Lausch, 1995.

16   Freud, 1921.

17   Kernberg, 1998, dt. 2000, 113/114.

18   Gordon Lawrence, 2000.

19   Volkan, 2004, 2006; Volkan et al. 1998.

20   Diamond, 2006, 200.

21   Regredierte Grossgruppenphänomene haben neben Bion (1961) unter anderem Kernberg (2003), Turquet (1975), Rice (1965), und Volkan (2004, 2006) beschrieben.

22   Volkan, 2006, 211/212.

23   Kernberg, 1998, dt. 2000, 181.

24   Gabriel u. Schwartz, 1999.

25   («It is argued that some individuals experience organizations as groups, others as theatres for heroic

exploits, yet others as political arenas for deals and compromises.»)

26 Lohmer u. Wenz, 2004.

27 Kahn, 2003.

28 Zu pathologischen Phänomenen in Organisationen (wie Aggressionen oder Mobbing) gaben bereits 1997 Giacalone und Greenberg ein Buch heraus. Auch beim Mobbing finden sich in der empirischen Literatur bei den Tätern ein höherer Narzissmus-Wert (Zapf, 2004).

Kapitel 8

1 When the Harvard Business Review printed an article on EI in 1998, it gained a greater percentage of readers than any previously published article in that journal for the last 40 years. (Freshman u. Rubino, 2002, 1).

2 «Superb leaders have very different ways of directing a team, a division, or a company. Some are subdued and analytical; others are charismatic and go with their gut. And different situations call for different types of leadership. Most mergers need a sensitive negotiator at the helm, whereas many turnarounds require a more forceful kind of authority.» (Goleman, 1998).

3 «Effective leaders are alike in one crucial way: they all have a high degree of emotional intelligence … and can also be linkend to strong performance.»

4 Rao, 2006.

5 Matzler u. Bailom, 2007.

6 Gigerenzer, 2007.

7 Gigerenzer, 2006.

8 Matzler u. Bailom, 2007, 20.

9 Siehe auch Mayer et al. 2004.

10 Nach Mayer et al. 2004.

11 «Traits such as teamwork and collaboration, service orientation, initiative, and achievement motivation certainly are important personality traits. An important question to ask, however, is whether they have anything to do either with emotion, intelligence, or their combination.» (Mayer et al.: Emotional Intelligence Information. How Does This Model Compare to Other Approaches to Emotional Intelligence? On Mixed Models of Emotional Intelligence», <URL: http://www.unh.edu/emotional_intelligence/ei%20What%20is%20EI/ei%20model%20comparison.htm>).

12 Siehe z. B. Meyer et al. 2000.

13 «Social skill is the culmination of the other dimensions of emotional intelligence. People tend to be very effective at managing relationships when they can understand and control their own emotions and can empathize with the feelings of others» (Goleman, 1998).

14 Golemann, 2000.

15 Rao, 2006; Freshman u. Rubino, 2002, Piper, 2005; Daugherty, 1998.

16 Maccoby, 2001b.

17 «Today's health care leaders must also have emotional intelligence. Emotional intelligence is primal for passion. Emotional intelligence, which leads to passion, is crucial to the survivability of today's health care organizations. In order for health care organizations to go from good to great, the leader must inspire followers through passion. … Through passion, leaders and followers become more motivated to accomplish the health care mission of serving others» (Piper, 2005).

18 Langer, 1989; Segal, 2002.

19 Hill, 2005.

20   Frankl, 1959.

21   Freshman, 1999.

22   Langer, 2000.

Kapitel 9

1   Kets de Vries, zitiert nach Schwertfeger, 2006, 51.

2   Lohmer, 2004, 299/300.

3   Senge, 1990.

4   Lohmer, 2005a,b.

5   Siehe dazu auch Grunwald, 1995b.

6   Nach Lohmer, 2000.

7   Lohmer, 2005a, b.

8   Angaben nach Sutton, 2006.

9   Nach Schlesiger, 2006.

10   Zitat aus Schlesiger (2006).

11   Siehe Schlesiger, 2006.

12   Bergström u. Knights, 2006

13   Gabriel 1998b.

14   «Several types of insults are observed, such as exclusion, stereotyping, obliteration of significant identity details, ingratitude, scapegoating, rudeness, broken promises, being ignored or kept waiting. Even more potent insults result from the defamation or despoiling of idealized objects, persons, or ideas.»

15   Nach Maccoby, 2000.

16   «Relations and practices of leaders and followers as mutually constituting and co-produced».

17   Hirschhorn (1990) fordert ebenfalls eine Veränderung der Haltung in Richtung Akzeptanz gegenseitiger Abhängigkeit: «The workplace evolves toward a postindustrial age, leaders and followers must recognize their dependence on one another and their need to collaborate, and bring more of their personal feelings to their roles.»

18   «Interpersonal or group-based relationships that enable self-reliant workers to manage situations that trigger potentially debilitating anxiety.»

19   Andrzejewski, 2003.

20   Aus: Kals 2006.

21   Wie der Psychotherapieforscher Hans Strupp in seiner Vanderbilt-II-Studie zeigen konnte, haben allerdings auch sehr erfahrene Psychotherapeuten (!), Schwierigkeiten, mit Feindseligkeiten (hostility) von Patienten umzugehen, was die «Hemmung», mit diesen Phänomenen zu arbeiten, ebenfalls unterstreicht.

22   Zitat nach Coutu, 2004.

23   So gesehen hat der Coach, der der Führungskraft die Wahrheit ins Gesicht sagt, was sich die Mitarbeiter vielleicht nicht trauen, die Funktion des Hofnarren im Mittelalter dem Fürsten gegenüber.

24   Grunwald, 2002.

25   Bion, 1970.

26   Volkan, 2006, 225.

27   Kernberg, 1998, dt. 2000, 179.

28   180.

29   Kernberg, 1998, dt. 2000, 116.

30   1998, dt. 2000, 108/109.

31   Fragen 1-6 nach Kernberg, 1998, dt. 2000, 109.

32   «Radical evaluation process to decide whether star-quality candidates have depth as well as dazzle.» (O.A., 2001).

33   In diese Richtung weisen auch die neueren betriebswirtschaftlichen Arbeiten von Khurana (2002b), Maccoby (2000) und Sorcher u. Brant (2002).

34   Etwa Brenner, 2007.

35   Im Artikel von Brenner (2007, C5).

36   Brenner, 2007, C1.

37   In diesem Zusammenhang ist es interessant, dass auch zunehmend von Kaderleuten von Personal-dienstleistungsfirmen anerkannt wird, dass dem «Bauchgefühl» (Gegenübertragung) in Personal-fragen generell grösseres Gewicht zukommen sollte (z.B. Interview mit O. Schär in der Zeitschrift «leader», Mai 2007, 48).

38   May et al. 2003.

39   «Authentic leadership is defined as being completely self-aware, confident, transparent, optimistic, resilient, honest, and concerned about the welfare of others before one's own welfare» (May et al. 2003).

40   Zur moralischen Dimension der Führung sei auch auf Kernberg (1998, dt. 2000, Seiten 125-144) ver-wiesen.

41   Kets de Vries, zitiert nach Schwertfeger, 2006, 49.

42   Kouzes u. Pozner, 1993.

43   Masterson, 1988.

44   Doppler, 2003, 95.

45   Lohmer, 2004, 299.

46   Trebisch, 2003.

47   Lohmer, 2004, 299.

48   Morris et al., 2005.

49   Collins, 2001.

50   Collins, 2001.

51   «Humility, will, ferocious resolve, and the tendency to give credit to others while assigning blame to themselves.»

52   Kramer, 2003.

53   Kellermann, 2004.

54   «Is leadership synonymous with moral leadership?»

55   «The most gifted leaders … can read and regulate their own emotions while intuitively grasping how others feel and gauging their organization's emotional state» (o.A., 2004).

56   Freshman u. Rubino, 2004.

57   «Emotional intelligence skills in employees as a strategic training objective that can strengthen the internal and external social networks of healthcare organizations».

58   «The components of emotional intelligence – self-awareness, self-regulation, motivation, empathy, and social skill – can sound unbusinesslike. But exhibiting emotional intelligence at the workplace does not mean simply controlling your anger or getting along with people. Rather, it means under-standing your own and other people's emotional makeup well enough to move people in the direc-tion of accomplishing your company's goals» (Goleman, 1999).

59   Frankfurter Allgemeine Zeitung vom 3.2.2007, C5.

60   In diesem Zusammenhang mutet es besonders doppelbödig an, dass der Philosoph Gerd Achen-

bach diese Anpassungsvirtuosen ebenfalls, allerdings kritisch, als situationskonforme windige Chamäleons bezeichnet hat.

61   In einem posthum veröffentlichten Aufsatz (2005).

62   Eberwein und Tholen stellten schon 1990 eine Verschiebung im Management fest, weg von den klassischen Juristen-, Naturwissenschafter- oder Ingenieursberufen, hin zur Betriebswirtschaft.

63   Ein ähnliches Phänomen, besonders bei den Juristen, ist die Mediation.

64   Allein in Deutschland gibt es gegenwärtig ca. 200 Ausbildungsinstitute und ca. 18 000 Menschen mit abgeschlossener Coaching-Ausbildung, d.h. auf 2100 Erwerbstätige kommt ein Coach (Angaben nach Pichler, 2006).

65   Kets de Vries, zitiert nach Schwertfeger, 2006, 50.

66   Pichler, 2006.

67   So ein Pionier der Coaching-Bewegung im deutschsprachigen Raum, Dr. W. Looss, zur Eröffnungsrede der «Coaching Fachtagung 2006» des Austrian Coaching Council (ACC) am 4.3.2006 in Laxenburg bei Wien (nach Pichler, 2006, 43).

68   Schwertfeger, 2006.

69   Siehe Pichler, 2006.

70   Cremerius, 1984, 243.

71   Schreyögg, 1996, 161f.

72   Schwertfeger, 2006, 50.

73   Kets de Vries, zitiert nach Schwertfeger, 2006, 51.

74   Horowitz u. Arthur, 1988.

75   Horowitz, 2000.

76   Schmidt-Lellek, 1995.

77   Tschuschke, 2004.

78   Runia u. Nijenhuis, 1995.

79   «The basic assumption, derived from Kohut's work on narcissism, is that dependence-making behavior is connected with deep-rooted feelings of insufficiency resulting from a defective autonomy. … The format of this experience-sharing (well-defined boundaries, minimal structure, facilitating leaders) often evokes behavior in which the peculiarities of the dependence-making behavior of the GP's vis-a-vis patients are mirrored: that is, dependent behavior.»

80   Kellermann, 2004.

81   «To assume that all good leaders are good people is to be willfully blind to the reality of the human condition, and it severely limits our ability to become better leaders. Worse, it may cause senior executives to think that, because they are leaders, they are never deceitful, cowardly, or greedy. That way lies disaster.»

82   Von Bedeutung sind auch so genannte «High Commitment-HRM-Practices» (Gould-Williams, 2004), deren Wirksamkeit empirisch nachgewiesen werden konnte.

83   Dazu auch Amann, 2007.

84   Wie Amann (2007) ausführt.

85   Amann, 2007, C1.

86   Cohen, 2000.

87   «In the cybernetic model, feedback is intended to inform recipients about themselves and to change their behavior accordingly. As such, this model is consistent with narcissistic beliefs in the power of others' perceptions to control one's being, identity, or value. The inter-subjective model focuses, instead, on what feedback tells recipients about their donors' worlds» (Cohen, 2000).

88   Kernberg, 1998, dt. 2000, 134.

89   Rust, 2002.

90   Sankowsky, 1995, 69.

91   «Leaders should attempt to do the same – or at least the parallel self-monitoring, where appropriate. In particular, they should critically examine their own behaviors, especially in the light of negative signals from followers, investigating rather than blaming. They should consult with others. They should be aware of the general fact that specific followers may trigger emotional reactions and that the act of leading may itself trigger deeply rooted feelings. With such awareness, with such consultation and reflection, leaders are more likely to catch themselves taking advantage of their role and power (playing out hidden agendas and overreacting to triggering follower behaviour).»

92   «Does it not make sense that a society in which everyone seeks personal fulfilment might have a hard time holding together? … that the self-centred individuals who compose that society would find it difficult to relate to, let alone make sincere concessions to other self-centred individuals?» (Salerno, 2005, 39).

93   Hildebrandt-Woeckel, 2006.

94   Hildebrandt-Woeckel, 2006.

95   Zahlen der Unternehmensberatung Booz Allen Hamilton, zitiert nach Nöcker, 2007.

96   Zahlen nach Nöcker, 2007, 20.

97   K.-P. Gushurst von Booz Allen Hamilton, zitiert nach Nöcker, 2007.

98   Dazu auch Schewe, 2005.

99   Bassen et al., 2005.

100   Hausamann, 2007.

101   Nach Wikipedia; <http://de.wikipedia.org/wiki/Corporate_Governance> 24.6.2007.

102   Allein 2004 mussten die CEOs von 600 Firmen das Unternehmen verlassen. Im Jahr 2005 waren es bereits mehr als doppelt so viele und 1400 im Jahr 2006 (Angaben nach Murray, 2007).

103   («The truth is, of course, exactly the opposite. Most shareholders can sell their stocks far more easily than most employees can find another job», (Ghosal, 2005, 80).)

104   Shelp u. Ehrbar, 2006.

105   Ogger, 1992, 125.

106   Sozialpflicht durch Eigentum (Art. 14(2) GG): «Eigentum verpflichtet. Sein Gebrauch soll zugleich dem Wohle der Allgemeinheit dienen. «Exorbitante Gehälter, Pensionen, Abfindungen und Prämien, ohne Leistungsbezogenheit oder gar bei wirtschaftlichem Versagen von Topmanagern als Untreue (§266(1) StGB): «Wer die ihm durch Gesetz, behördlichen Auftrag oder Rechtsgeschäft eingeräumte Befugnis, über fremdes Vermögen zu verfügen oder einen anderen zu verpflichten, mißbraucht oder die ihm kraft Gesetzes, behördlichen Auftrags, Rechtsgeschäfts oder eines Treueverhältnisses obliegende Pflicht, fremde Vermögensinteressen wahrzunehmen, verletzt und dadurch dem, dessen Vermögensinteressen er zu betreuen hat, Nachteil zufügt, wird mit Freiheitsstrafe bis zu fünf Jahren oder mit Geldstrafe bestraft,» werten (dazu auch Grunwald, 2006).

107   2002a.

108   Terpstra et al. (1993) konnten einen Zusammenhang finden von der experimentellen Bereitschaft bei Insider-Geschäften mitzumachen, und Religiosität, die diese reduziert.

109   1979, XVI.

110   «The narcissist has no interest in the future because, in part, he has so little interest in the past.»

111   Siehe etwa Uwe Ritzer «Die Deutschen und der Verfall der Zahlungsmoral. Knausern, bis der Anwalt kommt», Süddeutsche Zeitung, 9./10.12.2006, 36.

112   Sattelberger, 2003.

113   Nach Lohmer, 2004, 297.

114   Http://www.chron.com/disp/story.mpl/headline/biz/4318193.html.

115   Dalton und Mitarbeiter (1998).

Kapitel 10

1   Gabriel, 1998a.
2   Siehe Lazar, 2004.
3   *The Social Engagement of social Science: A Tavistock Anthology,* veröffentlicht durch die «University of Pennsylvania Press» in 3 Bänden von 1990 bis 1997 (Quelle: http://de.wikipedia.org/wiki/Tavistock-Institut.
4   Marr u. Fliaster, 2003.
5   Nach Lohmer, 2000.
6   Die Bibliographie in diesem Bereich umfasste bis Oktober 2002 bereits 190 Seiten (Sievers u. Ahlers-Niemann, 2002).
7   Siehe: http://www.esof2004.org/for_the_press/wednesday_25_august_psychopathology_of_organisations.asp.
8   Coutu, 2004.
9   Ein komplexeres Modell zum Verständnis der unterschiedlichen Aspekte der Führung, auf das hier nicht näher eingegangen werden kann, hat etwa Barrow (1980) vorgelegt.
10   An dieser Stelle kann aus Platzgründen nicht auf die wissenschaftstheoretische Position der Psychoanalyse eingegangen werden, und auch nicht auf deren Probleme, die etwa in ihren Prämissen begründet sind.
11   Kets de Vries u. Balszs, 2005.
12   So in seinem Buch «The Neurotic Organization», Kets de Vries et al., 1984.
13   «People in mental hospitals are actually easy to understand because they suffer from extreme conditions. The mental health of senior executives is much more subtle. They can't be too crazy or they generally don't make it to senior positions, but they are nonetheless extremely driven people. And when I analyze them, I usually find that their drives spring from childhood patterns and experiences that have carried over into adulthood. Executives don't like to hear this; they like to think they're totally in control. They're insulted to hear that certain things in their minds are unconscious. But like it or not, people have blind spots, and the nonrational personality needs of decision makers can seriously affect the management process» (Coutu, 2004, 67).

Kapitel 11

1   Zum Beispiel Brent Donnellan et al. 2005.
2   «Several conceptualizations are currently being debated in the self-esteem literature, including whether narcissism is an exaggerated form of high self-esteem, a particular facet of self-esteem, a highly contingent and unstable form of self-esteem, a need to feel superior to others, or a defensive shell of inflated self-esteem that compensates for unconscious feelings of inadquacy (e.g., Campell et al. 2002a; Kirkpatrick et al., 2002; Morf u. Rhodewalt, 2001; Tracy u. Robins, 2003).» (Brent Donnellan et al., 2005, 334).
3   Watson u. Biderman, 1993.
4   Einschliesslich genetischer Heredität.
5   Paulhus, 2001.
6   Baumeister und Mitarbeiter, 1996.
7   Cale u. Lilienfeld, 2006.
8   Wallace u. Baumeister, 2002.

9   Farwell u. Wohlwend-Lloyd, 1998.

10   Kruger-Dunning-Hypothese, siehe Kruger u. Dunning, 1999.

11   Hogan et al. 1990.

12   Morf u. Rhodewalt, 2001a, b; Raskin et al., 1991.

13   Campell et al., 2002a.

14   Watson et al., 1984; 1991.

15   Campell et al., 2000.

16   «The SSB refers to the tendency to take credit for success, but disavow blame for failure.» (Sedikides et al., 2004, 401).

17   Rhodewalt u. Morf, 1998.

18   Morf u. Rhodewalt, 2001a,b.

19   Farwell und Wohlend-Lloyd, 1998.

20   Bushman u. Baumeister, 1998; Rhodewalt u. Morf, 1998; Stucke u. Sporer, 2002.

21   Stucke u. Sporer, 2002.

22   Ruiz u. Mitarbeiter, 2001.

23   Siehe auch Sedikides et al., 2004.

24   Bogart et al. 2004.

25   McCann u. Biaggio, 1989.

26   Emmons, 1981.

27   Emmons, 1987.

28   Rhodewalt, Madrian u. Cheney, 1998; Kernis, 2001.

29   Tracy u. Robbins, 2003.

30   Twenge u. Campell, 2003.

31   Vazire u. Funder, 2006.

32   «As such, it is not an exaggeration to assert that the hypothesis that high narcissists are psychologi-cally unhealthy formst he current subtext of mainstream personality and social psychological thin-king» (Sedikides et al. 2004, 401).

33   Übersicht bei Baumeister et al. 1996.

34   Baumeister et al. 1996.

35   Siehe dazu Wallace u. Baumeister, 2002.

36   Raskin u. Terry, 1988; Raskin et al., 1991; Wink, 1991.

37   Jourbert, 1998.

38   Raskin u. Novacek, 1989.

39   Etwa Judge et al. 2006.

40   Peterson u. Mitarbeiter, 2003.

Kapitel 12

1   Rathgeber, 2002, 52.

2   Kernberg (1998; dt. 2000) widerspricht Freuds (1921) – auf den Vater stark bezogene – Konzeption von Führung, die er für falsch hält.

3   Funder, 2000.

4   Wirth, 2006, 162.

5   Kernberg, 1998, 139.

6   Volken, 2006, 225, der Verfasser zahlreicher Arbeiten zu diesem Thema.

7   Wirth, 2006, 164.

8   Yulk et al., 1995.

9   Gellrich, 2005.

10   Lawrence, 2000.

11   Bourdieu nach Max Weber.

12   Oder aber die Frage des Zusammenhangs von Unternehmertum und Führerschaft, wie ihn Schumpeter gemacht hat. «Führerschaft ist nur dort eine Funktion, wo es Neues, nicht schon erfahrungs- und routinegemäss zu Erledigendes durchzusetzen gibt.» (Schumpeter, 1928, 149). Wichtig und weitreichend ist auch die Frage, ob «New Economy», Investmentfondsmanagementunternehmen, Derivatengeschäfte, Hedge Fonds und ihre Kurzfristigkeit zu einer tatsächlichen Veränderung in der Wirtschaftsethik geführt haben und wie dennoch tragfähige Wertvorstellungen aufgebaut werden können.

Auch wäre es wichtig, die Bedeutung von Rangkämpfen und dem Konzept der Ehre, wie man sie noch im Zusammenhang mit dem Duell im 19. Jahrhundert ritualisiert vorfand, in der Wirtschaftswelt zu illustrieren und beim Konfliktmanagement zu berücksichtigen (siehe etwa Morrill, 1991).

13   Ghoshal, 2005, 81.

14   Siehe dazu Cameron et al. 2003.

15   «Why do we not fundamentally rethink the corporate governance issue?»

14. Abbildungsverzeichnis

14. Abbildungsverzeichnis

15. Literaturverzeichnis

15. Literaturverzeichnis

Alalehto, T. (2003). Economic crime: Does personality matter? International Journal of Offender Therapy and Comparative Criminology, 47(3), 335–355.

Althusser, L. (1976) Positions, Paris: Editions Sociales.

Altmeyer, M. (2000) Den Betrachter insgeheim betrachten. Das Selbst im Spiegel des Anderen – eine Neuinterpretation des Narzissmus, Frankfurter Rundschau v. 5.12.2000.

Amann, M. (2007) Herr der Richtlinien, Frankfurter Allgemeine Zeitung v. 9.6.2007

American Psychiatric Association (1994) Diagnostic and Statistical Manual of Mental Disorders, 4th. Edition, Washington (DC): American Psychiatric Association.

Andrzejewski, L. (2003) Trennungskultur. Handbuch für ein professionelles, wirtschaftliches und faires Kündigungs-Management. Neuwied. Luchterhand.

Anzieu, D. (1981) Le groupe et l'inconscient: L'imaginaire groupal, Paris: Dunod.

Argelander, H. (1972) Der Flieger. Eine charakteranalytische Fallstudie, Frankfurt a. M.: Suhrkamp.

Arnes, D. R., Kammrath, L. K. (2004) Mind-reading and metacognition: Narcissism, not actual competence, predicts self estimated ability, Journal of Nonverbals Behavior, 28, 187–209.

Atwater, L., Roush, P., Fischthal, A. (1995) The influence of upward feedback on self and follower ratings of leadership, Personnel Psychology, 48, 35–59.

Avolio, B. J., Gibbons, T. C. (1988) Developing transformational leaders: A life span approach, In: J. A. Conger, R. N. Kanungo (Eds.) Charismatic leadership: The elusive factor in organizational effectiveness, San Francisco: Jossey-Bass, pp. 276–308.

Babiak, P., Hare, R. D. (2006) Snakes in Suits: When Psychopaths Go to Work, New York: Regan Books/HarperCollins (Deutsche Version: Menschschinder oder Manager. Psychopathen bei der Arbeit. München: Hanser; 2007).

Barrow, J. C. (1980) Die Variablen der Führung. Überblick und konzeptionelles Bezugssystem, In: W. Grunwald, H.-G. Lilge (Hrsg.) Partizipative Führung: Betriebswirtschaftliche und sozialpsychologische Aspekte. Bern: Huber, pp. 25–49.

Barsade, S. G. (2002) The Ripple Effect: Emotional Contagion and its Influence on Group Behavior, Administrative Science Quarterly, 47, 644–675.

Bass, B. M. (1985) Leadership and Performance Beyond Expectations. New York: Free Press.

Bass, B. M., Avolio, B. J. (1994) Improving Organizational Effectiveness Through Transformational. Leadership, Thousand Oaks, CA, Sage Publications.

Bassen, A., Jastram, S., Meyer, K. (2005) Corporate Social Responsibility. Eine Begriffserläuterung, Zeitschrift für Wirtschafts- und Unternehmensethik, 6(2), 231–6.

Baum, H. S. (1992) Mentoring: Narcissistic fantasies and oedipal realities, Human Relations, 45, 223–245.

Baum, R. J., Locke, E. A., Kirkpatrick, S. A. (1998) A longitudinal study of the relation of vision and vision communication to venture growth in entrepreneurial firms, Journal of Applied Psychology, 83, 43–54.

Baumeister, R. F., Smart, L., Boden, J. M. (1996) Relation of Threatened Egotism to Violence and Aggression: The Dark Side of High Self-Esteem, Psychological Review, 103, 5–33.

Beal, D. (2001) The tragedy in the workplace. The longest running show in the country, Plantation, FL: Destiny Publ.

Beland, H. (1989) Ichveränderung durch Abwehrprozesse und die Grenzen der Analyse. Z Psychoan Theorie Praxis, 4, 225–249.

Bennis, W., Nanus, B. (1985) Leaders. The strategies for taking charge, New York: Harper & Row.

Berg, W. (1995) Mit den Wölfen heulen. Tips und Tricks für die Karriere auf die ‹fiese› Art. München: Heyne.

Bergström, O., Knight, D. (2006) Organizational discourse and subjectivity. Subjectification during processes of recruitment, Human Relations, 59(3), 351–377.

Bey, D. R. Jr, Smith, W. E. (1971) Organizational consultation in a combat unit, Am J Psychiatry, 128(4), 401–406.

Bey, D. R. Jr, Zecchinelli, V. A. (1974) G.I.'s against themselves. Factors resulting in explosive violence in Vietnam, Psychiatry, 37(3), 221–228.

Bion, W. R. (1961; dt. 1971) Erfahrungen in Gruppen und andere Schriften, Stuttgart: Ernst Klett.

Bion, W. R. (1962; dt. 1992) Lernen aus Erfahrung, Frankfurt/M.: Suhrkamp.

Bion, W. R. (1970) Attention and Interpretation, London: Tavistock.

Biscardi, D., Schill, T. (1985) Correlates of narcissistic traits with defensive style, Machiavellianism and empathy, Psychological Reports, 57, 354–366.

Bogart, L. M., Benotsch, E. G., Pavlovic, J. D. (2004) Feeling superior but not threatened: The relation of narcissism ot social comparision, Basic and Applied Social Psychology, 26, 35–44.

Bourgeois, J. A., Hall, M. J., Crosby, R. M., Drexler, K. G. (1993) An examination of narcissistic personality traits as seen in a military population, Mil Med, 158(3), 170–174.

Brenner, D. (2007) Die Angst des Interviewers, Frankfurter Allgemeine Zeitung v. 2.6.2007.

Brent Donnellan, M., Trzesniewski, K.H., Robins, R.W., Moffitt, T.E., Caspi, A. (2005) Low self-esteem is related to aggression, antisocial behavior, and delinquency, Psychological Science, 16(4), 328–335.

Brothers, D. (2003) Clutching at certainty: Thoughts on the coercive grip of cult-like groups, Group. The Journal of the Eastern Group Psychotherapy Society, 27(2/3), 79–88.

Broucek, F. J. (1982) Shame and its relationship to early narcissistic developments, International Journal of Psychoanalysis, 63, 369–378.

Bruhn, J. G. (1991) Control, narcissism, and management style, Health Care Superv, 9(4), 43–52.

Buber, M. (1960) Der Weg des Menschen nach der chassidischen Lehre. Heidelberg: Lambert Schneider.

Bullock, A. (1991) Hitler and Stalin. Parallel lives, London: HarperCollins.

Burns, J. M. (1978) Leadership, New York: Harper and Row.

Bursten, B. (1973) Some narcissistic personality types, International Journal of Psychoanalysis, 54, 287–300.

Bushman, B. J., Baumeister, R. F. (1998) Threatened egotism, narcissism, self-esteem, and direct and displaced aggression: does self-love or self-hate lead to violence? J Pers Soc Psychol, 75(1), 219–229.

Cale, E. M., Lilienfeld, S. O. (2006) Psychopathy factors and risk for aggressive behavior: A test of the «threatened egotism» hypothesis, Law and Human Behavior, 30(1), 51–74.

Cameron, K. S., Dutton, J. E., Quinn, R. E. (Eds.) (2003) Positive Organizational Scholarship, San Francisco, CA: Berrett-Koehler.

Campbell, W. K. (2001) Is narcissism so bad? Psychological Inquiry, 12, 314–316.

Campbell, W. K., Goodie, A. S., Foster, J. D. (2004) Narcissism, confidence, and risk attitude, Journal of Behavioral Decision Making, 17, 297–311.

Campell, W. K., Forster, C. A., Finkel, E. J. (2002b) Does self-love lead to love for others? A story of narcissistic game playing, Journal of Personality and Social Psychology, 83(2), 340–354.

Campell, W. K., Reeder, G. D., Sedikides, C., Elliot, J. A. (2000) Narcissism and comparative self-enhancement strategies, Journal of Research in Personality, 34, 329–347.

Campell, W. K., Rudich, E. A., Sedikdes C. (2002a) Narcissism, self-esteem, and the positivity of self-views: Two portraits of self-love, Personality and Social Psychology Bulletin, 28, 358–368.

Chasseguet-Smirgel, J. (1975; dt. 1981) Das Ichideal, Frankfurt/M: Suhrkamp.

Chemers, M. M., Watson, C. B., May, S. T. (2000) Dispostional affect and leadership effectiveness: A comparison of self-esteem, optimism, and efficacy, Personality and Social Psychology Bulletin, 26, 267–277.

Cherulnik, P.D., Way, J.H., Ames, S., Hutto, D.B. (1981) Impressions of high and low Machiavellian men, Journal of Personality, 49, 388–400.

Christie, R., Geis, F.L. (Eds.) (1970) Studies in Machiavellism, New York: Academic Press.

Cloetta, B. (1983) Der Fragebogen zur Erfassung von Machiavellismus und Konservatismus MK, Schweizerische Zeitschrift für Psychologie und ihre Anwendungen, 42(2/3), 127–159.

Cohen, B.D. (2000) Intersubjectivity and narcissism in group psychotherapy: how feedback works, Int J Group Psychother, 50(2), 163–179.

Collins, J. (2001) Level 5 leadership. The triumph of humility and fierce resolve, Harvard Business Review, 79(1), 66–76.

Collinson, D. (2005) Dialectics of leadership, Human Relations, 58(11), 1419–1442.

Conger, J.A. (1997) The dark side of leadership, In: R.P. Vecchio (Ed.) Leadership: Understanding the dynamics of power and influence in organizations, Notre Dame, IN: University of Notre Dame Press, pp. 215–232.

Conger, J.A., Kanungo, K.N. (Eds.) (1988) Charismatic leadership and the elusive factor in organizational effectiveness, San Francisco: Jossey-Bass.

Conniff, R. (2006) Was für ein Affentheater. Wie tierische Verhaltensmuster unseren Büroalltag bestimmen, Frankfurt a.M.: Campus.

Cooper, A.M. (1998) Further developments in the clinical diagnosis of narcissistic personality disorder, In: E.F. Ronningstam (Ed.) Disorders of narcissism. Diagnostic, clinical and empirical implications, Washington, DC: American Psychiatric Press; 53–74.

Coutu, D. (2004) Putting Leaders on the Couch: A conversation with Manfred F.R. Kets de Vries, Harvard Business Review, 82 (1), 64–71.

Cremerius, J. (1979) Die psychoanalytische Behandlung der Reichen und der Mächtigen; In: J. Cremerius (1984) Vom Handwerk des Psychoanalytikers: Das Werkzeug der psychoanalytischen Technik, Band 2, Stuttgart: frommann-holzboog, pp. 219–261.

Dalton, D.R., Daily, C.M., Ellstrand, A.E., Johnson, J.L. (1998) Meta-analytic reviews of board composition, leadership structure, and financial performance, Strategic Management Journal, 19, 269–290.

Dammann, G., Gerisch, B. (2005) Narzisstische Persönlichkeitsstörungen und Suizidalität: Behandlungsschwierigkeiten aus psychodynamischer Perspektive, Schweizer Archiv für Neurologie und Psychiatrie, 156, 299–309.

Daugherty, R.M. jr. (1998) Leading among leaders: the dean in today›s medical school, Acad Med, 73(6), 649–653.

Delia, J., O´Keefe, B.J. (1976) The interpersonal constructs of Machiavellism, British Journal of Social and Clinical Psychology, 15, 435–436.

Deluga, R.J. (1997) Relationship among american presidential charismatic leadership, narcissism, and rated performance, Leadership Quarterly, 8, 49–65.

Deutsch, H. (1942) Some forms of emotional disturbance and their relationship to schizophrenia, Psychoanalytic Quarterly, 11, 301–322.

Diamond D. (2006) Narzissmus als klinisches und gesellschaftliches Phänomen, In: O.F. Kernberg, H.-P. Hartmann (Hrsg.) Narzissmus. Grundlagen – Störungsbilder – Therapie, Stuttgart, New York: Schattauer, pp. 171–204.

Diamond, M.A., Allcorn, S. (1997) Narcissistic Processes and Consulting to Organizational Change: A Contemporary Psychoanalytic Perspective, Administrative Theory and Praxis, 19(2), 225–237.

Diekman, A.B., Goodfriend, W., Goodwin, S. (2004) Dynamic stereotypes of power: perceived change and stability in gender hierarchies, Sex Roles, 50(3/4), 201–215.

Diener, E., Wolsic, B., Fujita, F. (1995) Physical attractiveness and subjective well-being. Journal of Personality and Social Psychology, 69, 120–129.

Doppler, K. (2003) Projektmanagement als Change Management: ein neues mentales Modell. Organisations-Entwicklung, 3, 95–97.

Eagly, A. H. (2003) The Rise of Female Leaders, Zeitschrift für Sozialpsychologie, 34(3), 123–132.

Eagly, A. H., Karau, S. J. (2002) Role congruity theory of prejudice toward female leaders. Psychological Review, 109, 573–598.

Eagly, A. H.; Makhijani, M. G.; Klonsky, B. G. (1992) Gender and the evaluation of leaders: A meta-analysis, Psychological Bulletin, 111(1), 3–22.

Eagly, A. H.; Karau, S. J.; Makhijani, M. G. (1995) Gender and the effectiveness of leaders: A meta-analysis, Psychological Bulletin, 117(1), 125–145.

Eagly, A. H.; Johannesen-Schmidt, M. C.; van Engen, M. L. (2003) Transformational, transactional, and laissez-faire leadership styles: A meta-analysis comparing women and men, Psychological Bulletin, 129(4), 569–591.

Eberwein, W., Tholen, J. (1990) Managermentalität. Industrielle Unternehmensleitung als Beruf und Politik, Frankfurt am Main: FAZ-Verlag.

Edelman, M. (1971) Politics as symbolic action: Mass arousal and quiescence, Chicago: Markham.

Emmons, R. A. (1981) Relationship between narcissism and sensation seeking, Psychological Reports, 44, 242–250.

Emmons, R. A. (1984) Factor analysis and construct validity of the Narcissistic Personality Inventory, Journal of Personality Assessment, 48, 291–300.

Emmons, R. A. (1987) Narcissism: Theory and measurement, Journal of Personality and Social Psychology, 52, 11–17.

Enzensberger, H. M. (2006) Schreckens Männer. Versuch über den radikalen Verlierer, Frankfurt/M.: Suhrkamp.

Farwell, L., Wohlend-Lloyd, R. (1998) Narcissistic processes: optimistic expectations, favorable self-evaluations, and self-enhancing attributions. J Pers, 66(1), 65–83.

Feldman, P. H. (1988): Recruiting an elite. New York: Garland.

Ferenczi, S. (1919) Sonntagsneurosen, In: M. Balint (Hrsg.) Sandor Ferenczi – Schriften zur Psychoanalyse, Band 1, Frankfurt/M.: Fischer, 1970.

Ferenczi, S. (1933) Sprachverwirrung zwischen den Erwachsenen und dem Kind (die Sprache der Zärtlichkeit und der Leidenschaft), Internationale Zeitschrift für Psychoanalyse, 19, 5–15.

Fox, R. P. (1974) Narcissistic rage and the problem of combat aggression, Arch Gen Psychiatry, 31(6), 807–811.

Frank, J. D. (1984) Nuclear death: an unprecedented challenge to psychiatry and religion, Am J Psychiatry, 141(11), 1343–1348.

Frankenberger, R. (2003) Michael Maccobys Studien zu Gesellschafts-Charakter, Arbeitsorganisation und Führungsstilen, Magisterarbeit, Politologie, Universität Tübingen.

Frankl, V. E. (1959) Man's search for meaning, New York: Simon and Schuster.

French, J. R. P., Raven, B. (1968) The bases of social power, In: D. Cartwright, A. Zander (Eds.) Group Dynamics, New York: Harper & Row, pp. 150–167.

Freshman, B. (1999) An exploratory Analysis of Definitions and applications of spirituality in the workplace, Journal of Organizational Chance Management, 12, 318–327.

Freshman, B., Rubino, L. (2002) Emotional Intelligence: A Core Competency for Health Care Administrators, Health Care Manager, 20(4), 1–9.

Freshman, B., Rubino, L. (2004) Emotional intelligence skills for maintaining social networks in healthcare organizationsm Hospital Topics, 82(3), 2–9.

Freud, S. (1914) Zur Einführung des Narzissmus, GW X, 137–170.

Freud, S. (1921) Massenpsychologie und Ich-Analyse. GW XIII, 71–161.

Fromm, E. (1974) Anatomie der menschlichen Destruktivität, Stuttgart: Deutsche Verlagsanstalt.

Fukuyama, F. (1992) The end of history and the last man, New York: Free Press.

Funder, D. C. (2001) Accuracy in personality judgment: Research and theory concerning an obvious question, In: B. W. Roberts, R. Hogan (Eds.) Personality psychology in the workplace, Washington, DC: American Psychological Association, pp. 121–140.

Gabbard, G. O. (1986) Two subtypes of narcissistic personality disorder, Bulletin of the Menninger Clinic, 53, 527–537.

Gabriel, Y. (1997) Meeting god: When organizational members come face to face with the supreme leader, Human Relations, 50(4), 315–342.

Gabriel, Y. (1998a) Psychoanalytic contributions to the study of the emotional life of organizations, Administration & Society, 30(3), 292–315.

Gabriel, Y. (1998b) An introduction to the social psychology of insults in organizations, Human Relations, 51(11), 1329–1354.

Gabriel, Y., Schwartz, H. S. (1999) Organizations, from concepts to constructs: Psychoanalytic theories of character and the meaning of organization, Administrative Theory and Praxis, 21(2), 176–191.

Gardner, H. (1983) Frames of mind: The theory of multiple intelligences, New York: Basic Books.

Geis, F. L., Moon, T. H. (1981) Machiavellism and Deception, Journal of Personality and Social Psychology, 41, 766–775.

Gellrich, S. F. (2005) Corpsstudenten: «high potentials» für Managementpositionen? Corps, Heft 1/2005 und 2/2005.

George, A. L., George, J. L. (1964) Woodrow Wilson and Colonel House: A personality study. New York: Dover Publications.

Gerlach, T. (2000) Die Herstellung des allseits verfügbaren Menschen. Zur psychologischen Formierung der Subjekte im neoliberalen Kapitalismus, Utopie kreativ, Heft 121/122, 1052–1065.

Gersten, S. P. (1991) Narcissistic personality disorder consists of two subtypes, Psychiatric Times, 8, 25–26.

Ghoshal, S. (2005) Bad Management Theories are destroying good management practices, Academy of Management Learning & Education, 4(1), 75–91.

Giacalone, R. A., Greenberg, J. (Eds.) (1997) Antisocial behavior in organizations, Thousand Oaks: Sage.

Gigerenzer, G. (2007). Bauchentscheidungen: Die Intelligenz des Unbewussten und die Macht der Intuition. München: Bertelsmann.

Gigerenzer, G. (2006). Follow the leader. Harvard Business Review, 84, 58–59.

Glad, B. (2002) Why tyrants go too far: Malignant narcissism and absolute power, Political Psychology, 23(1), 1–2.

Goleman, D. (1995) Emotional Intelligence, New York: Bantam Books.

Goleman, D. (1998) What makes a leader? Harvard Business Review, 76(6), 93–102

Goleman, D. (1999) What makes a leader? Clin Lab Manage Rev, 13(3), 123–131.

Goleman, D. (2000) Leadership that gets results, Harvard Business Review, 78, 78–90.

Gould-Williams, J. (2004) The Effects of 'High Commitment' HRM Practices on Employee Attitude: The Views of Public Sector Workers, Public Administration, 82 (1), 63–81.

Griffin, D. W., Bartholomew, K. (1994) Models of the self and other: Fundamental dimensions underlying measures of adult attachment, Journal of Personality and Social Psychology, 67, 430–445.

Gronn, P. C. (1993) Psychobiography on the couch: Character, biography and the comparative study of leaders, Journal of Applied Behavioral Science, 29(3), 343–358.

Gronn, P. C. (1995). Greatness re-visited: The current obsession with transformational leadership, Leading and Managing, 1(1), 14–27, <URL: http://staff.edfac.unimelb.edu.au/david_gurr/482-707/gronn_95.html>

Gross, W. (2006) Karriere(n) 2010 – Chancen, Risiken und seelische Kosten des beruflichen Aufstiegs im neuen Jahrtausend, Bonn: Deutscher Psychologen Verlag.

Grunwald W. (1995a) Über die Grenzen unternehmensinterner Öffentlichkeit, Zeitschrift für Führung + Organisation (ZfO), 2, 95–99.

Grunwald, W. (1980) Das «Eherne Gesetz der Oligarchie»: Ein Grundproblem demokratischer Führung in Organisationen. In: W. Grunwald, H.-G. Lilge (Hrsg.) Partizipative Führung: betriebswirtschaftliche und sozialpsychologische Aspekte, Bern: Huber, pp. 245–228.

Grunwald, W. (1993) Führung in der Krise: Rückbesinnung auf die Tugend-Ethik! io Management Zeitschrift, 62(9), 34–40.

Grunwald, W. (1995b) Wie man Vertrauen erwirbt: Von der Misstrauens- zur Vertrauensorganisation, io Management Zeitschrift, 64(1/2), 73–77

Grunwald, W. (2000) Umgang mit Konflikten. Für eine dialogische Streitkultur, io Management, 69(3), 18–24.

Grunwald, W. (2002) Eindämmung von Mobbing durch Organisationsentwicklung: Theoretische, empirische und parxeologische Aspekte, In: M. von Saldern (Hrsg.) Mobbing, Hohengehren: Schneider, pp. 187–208.

Grunwald, W. (2006) Das «Eherne Gesetz der Oligarchie» in Wirtschaft und Gesellschaft, Universität Lüneburg, unveröffentlichtes Manuskript.

Haffner, S. (1978) Anmerkungen zu Hitler. München: Kindler.

Hamermesh, D. S., Biddle, J. E. (1994) Beauty and the Labor Market, American Economic Review, 84(5), 1174–1994.

Haney, C., Banks, C., Zimbardo, P. G. (1973) Interpersonal dynamics in a simulated prison, International Journal of Criminology and Penelogy, 1, 69–97.

Hannover. B., Kessels, U. (2003) Erklärungsmuster weiblicher und männlicher Spitzen-Manager zur Unterrepräsentanz von Frauen in Führungspositionen, Zeitschrift für Sozialpsychologie, 34(3), 197–204.

Hartmann, M. (1996) Topmanager – Die Rekrutierung einer Elite. Frankfurt, New York: Campus.

Hartmann, M. (2002) Elitesoziologie. Eine Einführung. Frankfurt: Campus.

Hartmann, M. (2004) Der Mythos von den Leistungseliten. Spitzenkarrieren und soziale Herkunft in Wirtschaft, Politik, Justiz und Wissenschaft. Frankfurt, New York: Campus.

Harwood, I. (2003) Distinguishing between the faciliating and the self-serving charismatic group leader, Group, 27, 121–129.

Hausamann, F. (2007) Personal Governance als unverzichtbarer Teil der Corporate Governance und Unternehmensführung, Bern: Haupt.

Helgesen, S. (1991) Frauen führen anders. Vorteile eines neuen Führungsstils. Frankfurt am Main: Campus.

Henning, H. J., Six, B. (1977) Konstruktion einer Machiavellismus-Skala, Zeitschrift für Sozialpsychologie, 8, 185–198.

Hesse, J., Schrader, H. C. (1994) Die Neurosen der Chefs. Die seelischen Kosten der Karriere, München, Piper.

Hildebrandt-Woeckel, S. (2006) Fatale Selbstüberschätzung, Frankfurter Allgemeine Zeitung, v. 14. Oktober 2006, S. C5.

Hill, J. B. (2005) Mindfulness in the Marketplace: Compassionate Responses to Consumerism, Berkeley: Parallax Press.

Hill, R. W., Yousey, G. P. (1998) Adaptive and maladaptive narcissism among university faculty, clergy, politicians, and librarians, Current Psychology, 17, 163–169.

Hirschhorn, L. (1990) Leaders and followers in a postindustrial age: A psychodynamic view, Journal of Applied Behavioral Science, 26(4), 529–542.

Hirschhorn, L., Barnett, C. K. (Eds.) (1993) The psychodynamics of organizations, Philadelphia: Temple University Press.

Hirschi, T., Gottfredson, M. (1987) Causes of White-Collar-Crime, Criminology, 25, 949–974.

Hirschman, A.O. (1977; dt. 1987) Leidenschaften und Interessen. Politische Begründung des Kapitalismus vor seinem Sieg, Frankfurt/M.: Suhrkamp.

Hoffmann, J., Mokros, J., Wilmer, R. (2006) Dimensionen der Devianz, Polizei & Wissenschaft, Ausgabe 1, 59–64.

Hoffmann, J., Wilmer, R. (2005) Integritätstests: Heuristik statt Bauchgefühl, CD Sicherheits-Management, Ausgabe 5, 144–148.

Hogan, R., Curphy, G.J., Hogan, J. (1994) What we know about leadership: Effectiveness and personality, American Psychologist, 49, 493–504.

Hogan, R., Raskin, R., Fazzini, D. (1990) The dark side of charisma, In: K.E. Clark, M.B. Clark (Eds.) Measures of leadership, West Orange, NJ: Leadership Library of America, pp. 343–354.

Horowitz, M.J., Arthur, R.J. (1988) Narcissistic rage in leaders: The intersection of individual dynamics and group process, International Journal of Social Psychiatry, 34(2), 135–141.

Horwitz, L. (2000) Narcissistic leadership in psychotherapy groups, Int J Group Psychother, 50(2), 219–235.

House, R.J. (1977) A 1976 theory of charismatic leadership. In: J.G. Hunt, L.L. Larson (Eds.), Leadership: The cutting edge, Carbondale, IL: Southern Illinois University Press, pp. 189–207.

House, R.J., Aditya, R.N. (1997) The social scientific study of leadership: quo vadis?, Journal of Management, 23(3), 409–473.

House, R.J., Howell, J.M. (1992) Personality and charismatic leadership, Leadership Quarterly, 3, 81–108.

House, R.J., Shamir, B. (1993) Toward the integration of transformational, charismatic, and visionary theories, In: M.M. Chemers, M. Martin, A. Roya (Eds.) Leadership theory and research: Perspectives and direction, San Diego: Academic Press, pp. 81–108.

House, R.J., Shamir, B. (1995) Führungstheorien – Charismatische Führung, In: A.Kieser, G. Reber, R. Wunderer (Hrsg.) Handwörterbuch der Führung, 2. Auflage, Stuttgart: Schäffer-Poeschel; pp. 878–897.

House, R.J., Hanges, P.J., Javidan M., Dorfman, P.W., Gupta, V. (2004) Culture, Leadership, and Organizations: The GLOBE Study of 62 Societies, Boston: B&T.

Howell, J.M. (1988) Two faces of carisma: Socialized and personalized leadership in organizations, In: J.A. Conger, K.N. Kanungo (Eds.) Charismatic leadership and the elusive factor in organizational effectiveness, San Francisco: Jossey-Bass, pp. 213–236.

Hugentobler, S., Oettli, B., Ruckstuhl, D. (2007) Personality Poker. Ein spielerisches Werkzeug für die Entwicklung von Teams, Gruppen und Individuen. Bern: Hans Huber.

Hyde, J.S. (2005) The gender similarities hypothesis, American Psychologist, 60(6), 581–592.

Jaques, E. (1955) Social systems as a defense against persecutory and depressive anxiety. In: M. Klein, P. Heimann, R. Money-Kyrle (Eds.) New directions in psycho-analysis, New York: Basic Books, pp. 478–498.

Hoch, D.J., Roeding, C., Purkert, G., Lindner S.K. (1999) Secrets of software success: Management insights form 100 software firms around the world, Boston: HBR Press.

Jones, E. (1913/1964) The God complex, In: E. Jones (Ed.) Essays in applied psychoanalysis, Vol. 2, New York: International Universities Press, pp. 244–265.

Joubert, C.E. (1998) Narcissism, need for power, and social interest, Psychol Rep, 82(2), 701–702.

Judge, T.A., LePine, J.A., Rich, B.L.. (2006) Loving yourself abundantly: relationship of the narcissistic personality to self- and other perceptions of workplace deviance, leadership, and task and contextual performance, J Appl Psychol, 91(4), 762–776.

Kahn, W.A. (2001) Holding Environments at Work, Journal of Applied Behavioral Science, 37(3), 260–279.

Kals, U. (2006) Gute Führung, faire Trennung, Die Zeit, v. 18. November 2006, Seite C1.

Kellerman, B. (2004) Thinking about … leadership. Warts and all, Harv Bus Rev, 82(1), 40–45.

Kelman, H.C. (1961) Processes of opinion change, Public Opinion Quaterly, 25, 57–78.

Kernberg, O.F. (1979) Regression in organizational leadership, Psychiatry, 42(1), 24–39.

Kernberg, O. F. (1991) The moral dimension of leadership, In: S. Tuttman (Ed.) Psychoanalytic group theory and therapy: Essays in honor of Saul Scheidlinger, New York: International Universities Press, pp. 87–112.

Kernberg, O. F. (1998; dt. 2000) Ideologie, Konflikt und Führung. Psychoanalyse von Gruppenprozessen und Persönlichkeitsstruktur, Klett-Cotta, Stuttgart

Kernberg, O. F. (2002) Affekt, Objekt und Übertragung. Aktuelle Entwicklungen der psychoanalytischen Theorie und Technik, Gießen: Psychosozial.

Kernberg, O. F. (2003) Sanctioned sanctioned social violence: A psychoanalytic view – Part I, International Journal of Psychoanalysis, 84(3), 683–698.

Kernberg, O. F. (1984) Severe Personality Disorder. New Haven: Yale University Press.

Kernis, M. H. (2001) Following the trail from narcissism to fragile self-esteem, Psychological Inquiry, 12, 223–225.

Kets De Vries, M. F. R. (1990) Leaders on the Couch, Journal of Applied Behavioral Science, 26(4), 423–431.

Kets de Vries, M. F. R. (1991) Organizations on the couch. Clinical perspectives on organizational behavior and change. San Francisco: Jossey-Bass.

Kets de Vries, M. F. R. (1996) The anatomy of the entrepreneur: Clinical observations, Human Relations, 49(7), 853–883.

Kets de Vries, M. F. R. (1997) Leaders who self-destruct: The causes and cures, In: R.P. Vecchio (Ed.) Leadership: Understanding the dynamics of power and influence in organizations, Notre Dame, IN: University of Notre Dame Press, pp. 233–245.

Kets de Vries, M. F. R. (1998) Führer, Narren und Hochstapler. Essays über die Psychologie der Führung, Stuttgart: Klett-Cotta.

Kets de Vries, M. F. R. (1999) Managing puzzling personalities: Navigating between 'live volcanoes' and 'dead fish, European Management Journal', 17(1), 8–19.

Kets de Vries, M. F. R. (2001) Struggling with the demon: Perspectives on Individual and organizational irrationality, Madison, CT: Psychosocial Press.

Kets de Vries, M. F. R. (2005) The dangers of feeling like a fake, Har Bus Rev, 83(9), 108–116.

Kets de Vries, M. F. R. (Ed.) (1984) The irrational executive. Psychoanalytic explorations in management. New York: International Universities Press.

Kets de Vries, M. F. R., Balazs, K. (2005) Organizations as optical illusions: A Clinical Perspective on Organizational Consultation. Organizational Dynamics, 34 (1), 1–17.

Kets de Vries, M. F. R., Miller, D. (1984) The neurotic organization. Diagnosing and changing counterproductive styles of management, San Francisco: Jossey-Bass.

Kets de Vries, M. F. R., Miller, D. (1985) Narcissism and leadership: An object relations perspective, Human Relations, 38, 583–601.

Kets de Vries, M. F. R., Vrignaud, P., Engellau, E., Florent-Treacy, E. (2006) The Development of the Personality Audit: A psychodynamic multiple feedback assessment instrument, International Journal of Human Resource Management, im Druck.

Khurana, R. (2002a) Searching for a corporate savior: The irrational quest for charismatic CEOs, Princeton, NJ: Princeton University Press.

Khurana, R. (2002b) The curse of the superstar CEO, Harvard Business Review, 80(9), 60–66.

Kirkpatrick, L. A., Waugh, C. E., Valencia, A., Webster, G. D. (2002) The functional domain specifity of self-esteem and the differential prediction of aggression, Journal of Personality and Social Psychology, 82, 756–767.

Kirkpatrick, S. A., Locke, E. A. (1991) Leadership: Do trait matters? The Executive, 5, 48–60.

Klapprott, J. (1975) Kurzbericht über eine Machiavellismus-Skala, Diagnostica, 21, 143–147.

Klein, E., Gabelnick, F., Herr, P. (Eds.) (1998) The psychodynamics of leadership. Madison, CT: Psychosocial Press.

Knecht, T. (2006a) Das Persönlichkeitsprofil des Wirtschaftskriminellen – Aus psychiatrischer Sicht, Kriminalistik, 60, 201–206.

Knecht, T. (2006b) Wirtschaftsdelinquenten – eine homogene Täterpopulation? Archiv für Kriminologie, 217(3/4), 65–73.

Kochansky, G. E., Herrmann, F. (2004) Shame and scandal: Clinical and canon law perspectives on the crisis of priesthood, International Journal of Law and Psychiatry, 27, 299–319.

Kohut, H. (1969/1970) On leadership, In: P.H. Ornstein (Eds.) The search for the self: Selected writings of Heinz Kohut: 1978–1981, Volume 3, New York: International Universities Press, pp. 103–128.

Kohut, H. (1971; dt. 1973). Narzißmus. Frankfurt/M.: Suhrkamp.

Kohut, H. (1976) Creativeness, charisma, group psychology: reflections on the self analysis of Freud, Psychological Issues, 34, 379–425.

Kouzes, J. M., Pozner, B. Z. (1993) Credibility: How leaders gain and lose it, why people demand it, San Francisco: Jossey-Bass.

KPMG (2007) Profile of a Fraudster Profile Survey 2007, <http://www.kpmg.ch/library/pdf/KPMG_Profile_of_a__Fraudster_Survey_2007_Forensic.pdf>.

Krainz, E., Gross, H. (Hrsg.) (1998) Eitelkeit im Management. Kosten und Chancen eines verdeckten Phänomens, Wiesbaden: Gabler.

Kramer, R. M. (2002) When Paranoia Makes Sense, Harv Bus Rev, 80(7), 62–69.

Kramer, R. M. (2003) The harder they fall, Harv Bus Rev, 81(10), 58–66.

Krantz, J. (1990) Lessons from the field: An essay on the crisis of leadership in contemporary organizations, Journal of Applied Behavioral Science, 26(1), 49–64.

Kreisky, E. (2001) Ver- und Neuformungen des politischen und kulturellen Systems. Zur maskulinen Ethik des Neoliberalismus, Kurswechsel. Zeitschrift für gesellschafts-, wirtschafts- und umweltpolitische Alternativen, Heft 4, 38–50

Kruger, J., Dunning, D. (1999) Unskilled and unaware of it: How difficulties in recognizing one's own incompetence lead to inflated self-assessments, Journal of Personality and Social Psychology, 77(6), 1121–1134.

Langer, E. J. (1989). Mindfulness. Reading, MA: Addison Wesley.

Langlois, J. H., Kalakanis, L., Rubenstein, A. J., Larson, A., Hallam, M., Smoot, M. (2000) Maxims or Myths of Beauty? A meta-analytic and theoretical review, Psychological Bulletin, 126(3), 390–423.

Lanser, E. G. (2000) Why you should care about your emotional intelligence? Healthcare Executive, 15(6), 6–11.

Lasch, C. (1979; dt. 1995) Das Zeitalter des Narzissmus, Hamburg: Hoffmann & Campe.

Lawrence, W. G. (2000) Emotion in Organisations: Narcissism versus Social-Ism, In: The International Society for the Psychoanalytic Study of Organizations 2000 Symposium <http://www.ispso.org/Symposia/London/2000lawrence.htm>.

Lazar, R. A. (1998) Das Individuum, das Unbewusste und die Organisation: Ein Bion-Tavistock Modell von Beratung und Supervision in Organisationen. In: R. Eckes-Lapp, J. Körner (Hrsg.) Psychoanalyse im sozialen Feld. Gießen: Psychosozial, pp. 263–291.

Lazar, R. A. (2004) Psychoanalyse, «Group Relations» und Organisation: Konfliktbearbeitung nach dem Tavistock-Arbeitskonferenz-Modell. In: M. Lohmer (Hrsg.) Psychodynamische Organisationsberatung. Konflikte und Potentiale in Veränderungsprozessen. 2., verbess. Auflage, Klett-Cotta, Stuttgart, pp. 40–78.

Lee-Chai, A. Y., Bargh, J. A. (2001) The use and abuse of power. Multiple perspectives on the causes of corruption, Philadelphia, PA: Psychology Press.

Lemche, E. (2002) Der Beitrag of W.R. Bion zur psychoanalytischen Gruppenpsychotherapie Jahrbuch für Gruppenanalyse und ihre Anwendungen, 8, 24–48.

Levin, S. (1967) Some metapsychological considerations on the differentiation between shame and guilt, International Journal of Psychoanalysis, 48, 267–276.

Levinas, E. (1995) Zwischen uns. Versuche über das Denken an den Anderen. München, Wien: Hanser.

Levinson, H. (1972) Organizational Diagnosis, Cambridge, MA: Harvard University Press.

Lipp, W. (1995) Stigma und Charisma. Über soziales Grenzverhalten. Berlin: Reimer.

Lohmer, M. (2000) Das Unbewußte im Unternehmen: Konzepte und Praxis psychodynamischer Organisationsberatung (= Kap. 1 aus: Lohmer, M. [Hrsg.]. [2004] Psychodynamische Organisationsberatung. Konflikte und Potentiale in Veränderungsprozessen, 2., verbess. Auflage), Stuttgart: Klett-Cotta, pp. 18–39.

Lohmer, M. (2005a) Miteinander lernen, Teamarbeit als Entwicklungsprozess, Vortrag am 14. April 2005, 55. Lindauer Psychotherapiewochen, <URL: http://www.lptw.de/fileadmin/Archiv/vortrag/2005/lohmer.pdf>

Lohmer, M. (2006) Lernen im Team. Die Balance zwischen Veränderung und Stabilität in psychosozialen Organisationen, Psychotherapeut, 51, 300–306.

Lohmer, M. (Hrsg.) (2004) Psychodynamische Organisationsberatung. Konflikte und Potentiale in Veränderungsprozessen. 2., verbess. Auflage, Stuttgart: Klett-Cotta.

Lohmer, M., Wernz, C. (2004) Zwischen Veränderungsdruck und Homöostaseneigung: Die narzisstische Balance in therapeutischen Institutionen, In: M. Lohmer (Hrsg.) Psychodynamische Organisationsberatung. Konflikte und Potentiale in Veränderungsprozessen, Stuttgart: Klett-Cotta, pp. 233–254.

Lohmer; M. (2005b) Der Berater zwischen den Fronten: Die Dynamik von Vertrauen, Misstrauen und Containment in Organisationen, Gruppenpsychotherapie und Gruppendynamik, 41(4), 335–355.

Luhmann, N. (1975) Macht, Stuttgart: Enke.

Maccoby, M. (1989) Warum wir arbeiten. Motivation als Führungsaufgabe, Frankfurt/M.: Campus.

Maccoby, M. (2000) Narcissistic leaders: The incredible pros, the inevitable cons, Harvard Business Review, 78(1/2), 69–77.

Maccoby, M. (2001a) The New New Boss, Research Technology Management, 44(1), 59–61.

Maccoby, M. (2001b) Successful leaders employ strategic intelligence, Reseach Technology Management, 44, 58–60.

Maccoby, M. (2003) The productive narcissist: The promise and peril of visionary leadership, New York: Broadway Books.

Maier, W., Lichtermann, D., Kliniger, T., Heun, R., Hallmayer, J. (1992) Prevalences of personality disorders (DSM-III-R) in the community, J Pers Disord, 6, 187–196.

Marcus, B. (2000) Kontraproduktives Verhalten im Betrieb. Göttingen: Hogrefe.

Marcuse, H. (1968) Triebstruktur und Gesellschaft. Ein philosophischer Beitrag zu Sigmund Freud. Frankfurt/M.: Suhrkamp.

Marr, R., Fliaster, A. (2003) Jenseits der «Ich-AG». Der neue psychologische Vertrag der Führungskräfte in deutschen Unternehmen, München: Rainer Hampp.

Masterson, J. F. (1988; dt. 1993) The search for the real self – Unmasking the personality disorders of our age. New York: The Free Press.

Matzler, K., Bailom, F. (2007) Die Fähigkeit, Glück zu haben, Frankfurter Allgemeine Zeitung, v. 23.4.2007.

May, D. R., Chan, A.Y.L., Hodges, T. D., Avolio, B. J. (2003) Developing the Moral Component of Authentic Leadership, Organizational Dynamics, 32(3), 247–260.

Mayer, J. D., Salovey, P., Caruso, D. R. (2000). Models of emotional intelligence. In: R. J. Sternberg (Ed.) Handbook of Intelligence, Cambridge: Cambridge University Press, pp. 396–420.

Mayer, J. D., Salovey, P., Caruso, D. R., (2004) Emotional intelligence: Theory, findings and implications, Psychological Inquiry, 15, 197–215.

McCann, J.T., Biaggio, M.K. (1989) Narcissism personality features and self-reported anger, Psychological Reports, 64, 55–58.

McCrae, R.R., Costa, P.T. (1990) Personality in adulthood. A five-factor theory perspective, New York: Guilford.

McCullough, M.E., Emmons, R.A., Kilpatrick, S.D., Mooney, C.N. (2003) Narcissists as «Victims»: the role of narcissism in the perception of transgressions, Pers Soc Psychol Bull, 29(7), 885–893.

Meloy, R.J. (1986) Narcissistic psychopathology and the clergy, Journal of Pastoral Psychology, 35, 50–55.

Mentzos, S. (1976) Interpersonale und institutionalisierte Abwehr, Frankfurt/M.: Suhrkamp.

Mertens, W., Lang, H.J. (1991) Die Seele im Unternehmen. Psychoanalytische Aspekte zur Führung und Organisation im Unternehmen. Berlin: Springer.

Michels R. (1911) Zur Soziologie des Parteiwesens in der modernen Demokratie. Untersuchungen über die oligarchischen Tendenzen des Gruppenlebens, Leipzig: Klinkhardt.

Milgram, S. (1963) Behavioral study of obedience, Journal of Abnormal and Social Psychology, 67, 371–378.

Miller, T.Q., Smith, T.W., Turner, C.W., Guijarro, M.L., Hallet, A.J. (1996) A meta-analytic review of research on hostility and physical health, Psychological Bulletin, 119, 322–348.

Mintzberg, H. (1991) Mintzberg über Management: Führung und Organisation, Mythos. und Realität, Wiesbaden: Gabler.

Modell, A. (1975) A narcissistic defense against affects and the illusion of self-sufficiency, International Journal of Psycho-Analysis, 56, 275–282.

Morf, C.C., Rhodewalt, F. (2001a) Unraveling the paradoxes of narcissism: A dynamic self-regulatory processing model, Psychological Inquiry, 12, 177–196.

Morf, C.C., Rhodewalt, F. (2001b) Expanding the dynamic self-regulatory processing model of narcissism: Research directions for the future, Psychological Inquiry, 12, 243–251.

Morf, C.C., Weir, C.R., Davidov, M. (2000) Narcissism and intrinsic motivation: The roal of goal congruence, Journal of Experimental and Social Psychology, 36, 424–438.

Morrill, C. (1991) Conflict management, honor, and organizational change, American Journal of Sociology, 97(3), 585–621.

Morris, J.A., Brotheridge, C.M., Urbanski, J.C. (2005) Bringing humility to leadership: Antecedents and consequences of leader humility, Human Relations, 58(10), 1323–1350.

Morrison, A.P. (1989) Shame: The underside of narcissism, Hillsdale, NJ: Analytic Press.

Mosca, G. (1884) Teorica dei Governi e sul Governo Parlamentare, Palermo: Studii Storici e Sociali.

Moxnes, P. (1999) Deep Roles: Twelve Primordial Roles of Mind and Organization, Human Relations, 52(11), 1427–1444.

Moxnes, P. (2006) Group Therapy as Self-Management Training. A Personal Experience, Group Analysis, 39(2), 215–234.

Münk, K. (2006) Und morgen bringe ich ihn um! Als Chefsekretärin im Top-Management. Frankfurt: Eichborn.

Mumford, M.D., Gessner, T.E., Connely, M.S., O'Connor, J.A., Clifton, T.C. (1993) Leadership and destructive acts: Individual and situation influences, Leadership Quarterly, 4, 115–147.

Murray, A. (2007) Revolt in the Boardroom. The New Rules of Power in Corporate America, New York: HarperCollins.

Murray, H.A. (1962) The Personality and Career of Satan, Journal of Social Issues, 28, 36–54.

Nicholas, J.M., Penwall LW (1995) A proposed profile of the effective leader in human space flight based on findings from analog environments, Aviation Space Environmental Medicine, 66, 63–72.

Nöcker, R. (2007) Heisse Vorstandsstühle. In Europa ist die Fluktuation in den Chefetagen so hoch wie nie zuvor, Frankfurter Allgemeine Zeitung v. 23.5.2007.

o.A. (2001) The 2001 HBR list. Breakthrough ideas for today›s business agenda, Harv Bus Rev, 79(4), 123–128.

o.A. (2004) Leading by feel, Harvard Business Review, 82(1), 27–37.

O'Connor, J., Mumford, M. D., Clifton, T. C., Gessner, T. L., Connely, M. S. (1985) Charismatic leaders and destructiveness: An historiometric study, Leadership Quarterly, 6, 529–555.

O'Neill, R. M., Sankowsky, D. (2001) The Caligula phenomenon. Mentoring relationships and theoretical abuse, Journal of Management Inquiry, 10(3), 206–216.

Oberholzer, A. (2004) Führung, Organisationsmanagement und das Unbewusste, In: M. Lohmer (Hrsg.) Psychodynamische Organisationsberatung. Konflikte und Potentiale in Veränderungsprozessen, 2., veränderte Auflage, Stuttgart: Klett-Cotta, pp. 79–97.

Ogger, G. (1992) Nieten in Nadelstreifen. Deutschlands Manager im Zwielicht, München: DroemerKnaur.

Oglensky, B. D. (1995) Socio-Psychoanalytic Perspectives on the Subordinate, Human Relations, 48(9), 1029–1054.

Ones, D. S., Viswesvaran, C., Schmidt, F. L., (1993) Comprehensive Meta-Analysis of Integrity Test Validities, Journal of Applied Psychology, 78(4), 679–703.

Orland, R. M., Orland, F. J., Orland, P. T. (1990) Psychiatric assessment of Cleopatra – A challenging evaluation, Psychopathology, 23(3), 169–175.

Parry, K. W., Proctor-Thomson, S. B. (2002) Perceived integrity of transformational leaders in organizational settings, Journal of Business Ethics, 35(2), 75–96.

Parsons, T. (1963) On the concept of influence. Public Opinion Quarterly, 27, 37–62.

Paulhus, D. L. (1998) Interpersonal and intrapsychic adaptiveness of trait self-enhancement: A mixed blessing? Journal of Personality and Social Psychology, 74, 1197–1208.

Paulhus, D. L. (2001) Normal narcissism: Two minimalist accounts, Psychological Inquiry, 12, 228–230.

Paulhus, D. L., Williams, K. M. (2002) The dark triad of personality: Narcissism, Machiavellianism, and psychopathy, Journal of Research in Personality, 36, 556–563.

Peterson, R. S., Smith, D. B., Martorana, P. V., Owens, P. D. (2003) The impact of chief executive officer personality on top management team dynamics: One mechanism by which leadership affects organizational performance, J Appl Psychol, 88(5), 795–808.

Pichler, M. (2006) Die Rolle des Coachs: Reparieren oder reflektieren? wirtschaft + weiterbildung, 04/2006, 42–43.

Piper, L. E. (2005) Passion in today's health care leaders, Health Care Manager, 24(1), 44–47.

Pittinsky, T. L., Rosenthal, S. A. (2006) From selection to rejection: The trajectory of narcissistic leaders, Harvard University, Manuskript, in Vorbereitung.

Popper, M. (2002) Narcissism and attachment patterns of personalized and socialized charismatic leaders, Journal of Social and Personal Relationships, 19(6), 797–809.

Popper, M., Mayseless, O., Castelnovo, O. (2000) Transformational leadership and attachment, Leadership Quarterly, 11, 267–289.

Post, J. (1984) Dreams of glory and the life cycle: Reflections on the life course of narcissistic leaders, Journal of Political and Military Sociology, 12, 49–60.

Post, J. (1986) Narcissism and the charismatic leader-follower relationship, Political Psychology, 7(4), 675–688.

Post, J. (1993) Current concepts of the narcissistic personality: Implications for political psychology, Political Psychology, 14(1), 99–121.

Pratto, F., Sidanius, J., Stallworth, L. M., Malle, B. F. (1994). Social dominance orientation: A personality variable predicting social and political attitudes. Journal of Personality and Social Psychology, 67, 741–763.

Pulver, S. E. (1970) Narcissism: The term and the concept, Journal of the American Psychoanalytic Association, 18, 319–341.

Puntas Bernet, D. (2007) Teurer Griff in die Firmenkasse, NZZ am Sonntag, 13.5.2007.

Quidde, L. (1894) Caligula: Eine Studie über römischen Cäsarenwahnsinn. Leipzig: Wilhelm Friedrich.

Race, T. (2992) Executives are smitten, and undone, by their own imges, New York Times, 29. Juli 2002, <URL: http://query.nytimes.com/gst/fullpage.html?res=9404EFDC1338F93AA15754C0A9649C8B63&sec= health&pagewanted=print>.

Rao, P.R. (2006) Emotional intelligence: The *sine qua non* for a clinical leadership toolbox, Journal of Communication Disorders, 39, 310–319.

Raskin, R., Novacek, J, Hogan, R. (1991) Narcissistic self-esteem management. Journal of Personality and Social Psychology, 60, 911–918.

Raskin, R., Novacek, J. (1989) A MMPI description of the narcissistic personality, J Pers Assess, 53(1), 66–80.

Raskin, R., Terry, H. (1988) A principal component analysis of the narcissistic personality inventory and future evidence of its construct validity, Journal of Personality and Social Psychology, 54, 890–902.

Rathgeber, K. (2005) 270°-Beurteilung von Führungsverhalten: Interperspektivische Übereinstimmung und ihr Zusammenhang mit Erfolg. Eine Befragung in der Automobilindustrie, Dissertation, Philosophische Fakultät der Technischen Universität Chemnitz.

Raubolt, R.R. (2003) Attack on the self: Charismatic leadership and authoritarian group supervision. Group. The Journal of the Eastern Group Psychotherapy Society, 27(2/3), 65–77.

Raubolt, R.R. (2004) Charismatic leadership as a confusion of tongues: Trauma and retraumatization, Journal of Trauma Practice, 3(1), 35–49.

Reich, W. (1936) Die sexuelle Revolution. Frankfurt/M.: Fischer, 1971.

Reinhold, T. (2007) Der Korruptionstest. In: Frankfurter Allgemeine Zeitung. 3. März 2007, S.53

Rhodewalt, F., Madrian, J.C., Cheney, S. (1998) Narcissism, self-knowledge organization, and emotional reactivity: The effect of daily experiences on self-esteem and affect, Personality and Social Psychology Bulletin, 24, 75–87.

Rhodewalt, F., Morf, C.C. (1998) On self-aggrandizement and anger: a temporal analysis of narcissism and affective reactions to success and failure, J Pers Soc Psychol, 74(3), 672–685.

Rice, A.K. (1965; dt. 1971) Führung und Gruppe, Stuttgart: Klett-Cotta.

Robins, R.W., Paulhus, D.L. (2001) The character of self-enhancers: Implications for organizations, In B.W. Roberts, R. Hogan (Eds.) Personality psychology in the workplace, Washington, DC: American Psychological Association, pp. 193–219.

Ronfeldt, D. (1994) Beware the Hubris-Nemesis Complex. A Concept for Leadership Analysis, Santa Monica, CA: RAND, National Security Research Division, <URL: http://www.rand.org/pubs/monograph_ reports/2005/MR461.pdf>.

Rosenfeld, H. (1990) Sackgassen und Deutungen. Therapeutische und antitherapeutische Faktoren bei der psychoanalytischen Behandlung von psychotischen, Borderline- und neurotischen Patienten, Stuttgart: Verlag Internationale Psychoanalyse.

Rosenthal, S.A. (2006) Narcissism and Leadership: A Review and Research Agenda, Harvard University, John F. Kennedy School of Government, Center for Public Leadership, Unpublished Working Paper, 42–57, <URL: http://www.ksg.harvard.edu/leadership/research/publications/papers/2006/4_narcissism. pdf>.

Ruiz, J.M., Smith, T.W., Rhodewalt, F. (2001) Distinguishing narcissism and hostility: similarities and differences in interpersonal circumplex and five-factor correlates, J Pers Assess, 76(3), 537–555.

Runia, E., Nijenhuis, E. (1995) «Experience-sharing» as an antidote to dependence-making behavior of general practitioners, Int J Group Psychother, 45(1), 17–35.

Rust, H. (2002) Lob der Eitelkeit, Manager-Magazin, Heft 12, 184–197.

Salerno, S. (2005) SHAM, self-help and actualization movement: How the gurus of the self-help movement make us helpless, London: Nicholas Brealey Publishing.

Salovey, P., Mayer JD (1990) Emotional Intelligence. Imagination, Cognition, and Personality, 9, 185–211.

Sandford, N. (1956) The approach of the authoritarian personality, In: J. McCray (Ed.), Psychology of Personality, New York: Logos Press.

Sankowsky, D. (1989) A psychoanalytic attributional model for subordinate poor performance, Human Resource Management, 28(1), 125–139.

Sankowsky, D. (1995) The charismatic leader as narcissistic. Understanding the abuse of power, Organizational Dynamics, 23(4), 57–71.

Sattelberger, T. (2003) Kurs halten trotz Irrungen der Ich-AG- Employability, Personalmagazin, 11/2003, 64–66.

Schein, E. (1966) The problem of moral education and the business manager, Industrial Management Review, 8, 3–14.

Schewe, G. (2005) Unternehmensverfassung. Corporate Governance im Spannungsfeld von Leitung, Kontrolle und Interessenvertretung, Berlin, Heidelberg, New York: Springer.

Schlesiger, C. (2006) Neue Kräfte, Wirtschaftswoche, Ausgabe 33/2006.

Schmidt, F. L., Hunter, J. E. (1998) The validity and utility selection methods in personnel psychology: Practical and theoretical implications of 85 years of research findings, Psychological Bulletin, 124(2), 262–274.

Schmidt-Lellek, C. J. (1995) Narzisstischer Machtmissbrauch. In: C. J. Schmidt-Lellek, B. Heimannsberg (Hg.): Macht und Machtmissbrauch in der Psychotherapie. Köln: Edition Humanistische Psychologie, pp. 171–194.

Schmidt-Lellek, C. J. (2004): Charisma, Macht und Narzissmus. Zur Diagnostik einer ambivalenten Führungseigenschaft. Organisationsberatung – Supervision – Coaching, 11(1), 27–40.

Schreyögg, A. (1996) Zur Unberatbarkeit charismatischer Sozialmanager. Organisationsberatung – Supervision – Coaching, 3(2), 149–166.

Schreyögg, G., Sydow, J. (1999) (Hrsg.) Managementforschung 9: Führung – neu gesehen, Berlin, New York: Walter de Gruyter.

Schumann, S. (2005) Persönlichkeit. Eine vergessene Grösse in der empirischen Sozialforschung, Wiesbaden: VS Verlag für Sozialwissenschaften.

Schumpeter, J. A. (1928) Unternehmer, In: ders. Beiträge zur Sozialökonomik, Wien, Graz, pp. 137–157.

Schwartz, H. S. (1990) Narcissistic process and corporate decay: The theory of the organizational ideal, New York: New York University Press.

Schwartz, H. S. (1991) Narcissistic process and corporate decay: The case of General Motors, Business Ethics Quarterly, 1(3), 249–268.

Schwertfeger, B. (2006) Kets de Vries: Gruppen coachen ist effektiver (Interview mit Manfred F.R. Kets de Vries), wirtschaft + weiterbildung, 04/2006, 48–51.

Sedikides, C., Campell, W. K., Reeder, G., Elliot, A. J. (2002) The self in relationships: Whether, how, and when close others put the self «in its place», European Review of Social Psychology, 12, 237–265.

Sedikides, C., Rudich EA, Gregg AP, Kumashiro M, Rusbult C. (2004) Are normal narcissists psychologically healthy? Self-Esteem Matters, Journal of Personality and Social Psychology, 87(3), 400–416.

Segal, Z. V. (2002) Mindfulness-based cognitive therapy for depression: A New Approach to Preventing Relapse, New York: Guilford.

Senge, P. M. (1990) The fifth discipline: The art & practice of the learning organization, New York: Doubleday.

Sennett, R. (1977; dt. 1986) Verfall und Ende des öffentlichen Lebens. Die Tyrannei der Intimität, Frankfurt/M.: Fischer.

Shafy, S. (2007) Die Gnade der Schönheit, Die acht Gesetzte der Schönheit, Weltwoche, Ausgabe 10/07.

Shelp, R., Ehrbar, A. (2006) Fallen Giant: The Amazing Story of Hank Greenberg and the History of AIG, New York: John Wiley.

Sievers, B., Ahlers-Niemann, A. (2002) The Psychoanalytic Study of Organisations. A bibliography in the marking. Compiled for The International Society for the Psychoanalytic Study of Organizations (ISPSO), October 2002, <URL: http://www.ispso.org/The%20Field/A%20The%20psychoanalytic%20study%20of%20organizations%20Final%2010%2018%202002%20pdf%20with%20links.pdf>.

Sorcher, M., Brant, J. (2002) Are you picking the right leaders? Harvard Business Review, 80(2), 78–85.

Soyer, R. B., Rovenpor, J. L., Kopelman, R. E. (1999) Narcissism and achievement motivation as related to three facets of sales role: Attraction, satisfaction and performance, Journal of Business and Psychology, 14, 285–304.

Stein, M. (2003) Unbounded irrationality: Risk and organizational narcissism at long term capital management, Human Relations, 56(5), 523–540.

Steinberg, B. (1996) Shame and humilation. Presidential decision-making on Vietnam. A psychoanalytical interpretation, Montreal: McGill-Queen's University Press.

Steinberg, B. S. (1991) Psychoanalytic concepts in international politics: The role of shame and humiliation, International Review of Psycho-Analysis, 18, 65–85.

Steiner, J. (1985). Turning a blind eye: The cover-up for oedipus, International Review of Psychoanalysis, 12, 161–172.

Steyrer, J. (1995) Charisma in Organisationen. Sozial-kognitive und psychodynamisch-interaktive Aspekte von Führung, Frankfurt/M.: Campus.

Steyrer, J. (1999) Charisma in Organisationen – zum Stand der Theorienbildung und empirischen Forschung, In: G. Schreyögg, J. Sydow (Hrsg.) Managementforschung 9: Führung – neu gesehen, Berlin, New York: Walter de Gruyter, pp. 143–197.

Storn, A. (2007) Vom Heilsbringer zum Sündenbock. Neue Spitzenmanager werden in Deutschland gross gefeiert – und dann ziemlich schnell gefeuert, Die Zeit v. 24.5.2007.

Stout, M. (2006) Der Soziopath von nebenan. Sie Skrupellosen: Ihre Lügen, Taktiken und Tricks, Wien, New York: Springer.

Stucke, T. S., Sporer, S. L. (2002) When a grandiose self-image is threatened: Narcissism and self-concept clarity as predictors of negative emotions and aggression toward ego threat, Journal of Personality, 70, 509–532.

Sulkowicz, K. J. (2004) Worse than enemies. The CEO's destructive confidant. Harv Bus Rev, 82(2), 64–71.

Sullivan, C.C. (2002) Finding the thou in the I. Countertransference and parallel process analysis in organizational research and consultation, Journal of Applied Behavioral Science, 38(3), 375–392.

Sümer, H. C., Sümer, H. C., Demirutku, K, Çifci, O. S. (2001) Using a personality-oriented job analysis to identify attributes to be assessed in officer selection, Militrary Psychology, 13, 129–146.

Sutherland, E. (1940) White-Collar-Criminality, American Sociological Review, 5, 1–12.

Sutton, R. I. (2006) Der Arschloch-Faktor. Vom geschickten Umgang mit Aufschneidern, Intriganten und Despoten im Unternehmen. München: Hanser.

Sveningsson , S., Larsson, M. (2006) Fantasies of Leadership: Identity Work, Leadership, 2(2), 203–224.

Sveningsson, S., Alvesson, M. (2003) Managing Managerial Identities: Organizational Fragmentation, Discourse and Identity Struggle, Human Relations, 56(10), 1163–1193.

Tangney, J. P. (2002) Perfectionism and the self-conscious emotions: Shame, guilt, embarrassment, and pride, In: G. Flett, P. Hewitt (Eds.) Perfectionism: Theory, research, and practice, Washington, DC: American Psychological Association, pp. 199–215.

Tangney, J. P., Dearing, R. L. (2002) Shame and guilt. New York: Guilford.

Tartakoff, H. H. (1966) The normal personality in our culture and the Nobel Price complex, In: R. M. Loewenstein, L. M. Newman, M. Schur (Eds.) Psychoanalysis: A general psychology. Essays in honor of Heinz Hartmann, New York: International Universities Press, pp. 222–252.

Tepstra, D. E., Rozell, E. J., Robinson, R. K. (1993) The influence of personality and demographic variables on ethical decision related to insider trading, Journal of Psychology, 127(4), 375–390.

Thissen, T. (2006) Mein Kollege, der Amokläufer, Die Welt v. 2. 11. 2006.

Tracy, J. L., Robins, R. W. (2003) Death of a (narcissistic) salesman. An integrative model of fragile self-esteem, Psychological Inquiry, 14, 57–62.

Trebesch, K. (2003) Projektmanagement auf dem Prüfstand, OrganisationsEntwicklung, 3, 80–85.

Tschuschke, V. (2004) Kurzgruppenpsychotherapie – Wirksamkeit und Wirkfaktoren, Zeitschrift für Individualpsychologie; 29, 6–19.

Turquet, P. (1975) Threats to identity in the large group, In: L. Kreeger (Ed.) The Large Group: Dynamics and Therapy, London: Constable, pp. 87–144.

Twenge, J. M., Campell, W. K. (2003) «Isn't it fun to get the respect that we're going to deserve?» Narcissism, social rejection, and aggression, Pers Soc Psychol Bull, 29(2), 261–72.

Umbertson, D., Hughes, M. (1987) The impact of physical attractiveness on achievement and psychological well-being, Social Psychology Quarterly, 50, 227–236.

Vazire, S., Funder, D. C. (2006) Impulsivity and the Self-Defeating Behavior of Narcissists, Personality and Social Psychology Review, 10(2), 154–165.

Volkan V. D. (2006) Großgruppen und ihre politische Führer mit narzisstischer Persönlichkeitsorganisation, In: O.F. Kernberg, H.-P. Hartmann (Hrsg.) Narzissmus. Grundlagen – Störungsbilder – Therapie, Stuttgart, New York: Schattauer; pp. 205–227.

Volkan, V. D. (1980) Narcissistic personality organization and «reparative» leadership, Int J Group Psychother, 30(2), 131–152.

Volkan, V. D. (2004) Blind trust. Large groups and their leaders in times of crisis and terror, Charlotteville, VA: Pitchstone.

Volkan, V. D., Akhtar, S., Dorn, R. M., Kafka, J. S., Kernberg, O. F., Olsson, P. A., Rogers, R. R., Shanfield, S. B. (1998) The psychodynamics of leaders and decision-makers, Mind and Human Interaction, 9, 130–181.

Wallace, H. M., Baumeister, R. F. (2002) The performance of narcissists rises and falls with perceived opportunity for glory, J Pers Soc Psychology, 82(5), 819–834.

Watson, P. J., Biderman, M. D. (1993) Narcissistic Personality Inventory factors, splitting, and self-consciousness, J Pers Assess, 61(1), 41–57.

Watson, P. J., Grisham, S. O., Trotter, M. V., Bidderman, M. D. (1984) Narcissism and empathy. Validity evidence for the narcissistic personality inventory, Journal of Personality Assessment, 48, 301–305.

Watson, P. J., Sawrie, S. M., Biderman, M. D. (1991) Personal control, assumptive worlds, and narcissism, Journal of Social Behavior and Personality, 6, 929–941.

Weber, M. (1919) Politik als Beruf, Zweiter Vortrag im Rahmen einer Vortragsreihe »Geistige Arbeit als Beruf«, gehalten im Revolutionswinter 1918/19 vor dem Freistudententischen Bund in München. Ausarbeitung des Verfassers auf Grund einer stenographischen Nachschrift, im Druck erschienen im Oktober 1919, <URL: http://www.textlog.de/2274.html>.

Wiklund, N. (1978) The Icarus Complex: Studies of an alleged relationship between fascination for fire, enuresis, high ambition, and ascensionism, Psychologische Doktorarbeit, Universität Lund, Schweden.

Willner, A. R. (1984) The Spellbinders: Charismatic political leadership, New Haven, CT: Yale University Press.

Wilson, M. (1999) The Difference Between God and Larry Ellison: Inside Oracle Corporation, New York: William Morrow & Co.

Wink, P. (1991) Two faces of narcissism, Journal of Personality and Social Psychology, 61, 590–597.

Wink, P., Donahue, K. (1997) The relation between two types of narcissism and boredom. Journal of Research in Personality, 31, 136–140.

Winnicott, D. W. (1965) The maturational process and the facilitating environment, New York: International Universities Press.

Wirth H.-J. (2006) Pathologischer Narzissmus und Machtmissbrauch in der Politik, In: O.F. Kernberg, H.-P. Hartmann (Hrsg.) Narzissmus. Grundlagen – Störungsbilder – Therapie, Stuttgart, New York: Schattauer;
pp. 158–170.

Witte, E.H. (2002) Theorien zur sozialen Macht, In: D. Frey, M. Irle (Hrsg.) Theorien der Sozialpsychologie, Band
2, Soziales Lernen, Interaktion und Gruppenprozesse, 2. Auflage, Bern: Huber, pp. 217–246.

Wurmser, L. (1987) Flucht vor dem Gewissen. Analyse von Über-Ich und Abwehr bei schweren Neurosen,
Berlin, New York: Springer.

Yukl, G., Guinan, P.J., Sottolano D. (1995) Influence tactics used for different objectives with subordinates,
peers, and superiors, Group and Organization Management, 20(3), 272–296.

Zaleznik, A. (1974) Charismatic and consensus leader: A psychological comparison, Bulletin of the Menninger
Clinic, 38, 222–238.

Zapf, D. (2004). Mobbing in Organisationen. Wissenschaftliche und konzeptionelle Grundlagen. In J. Schwicke-
rath, W. Carls, M. Zielke, W. Hackhausen (Hrsg.), Mobbing am Arbeitsplatz – Grundlagen, Beratungs-
und Behandlungskonzepte, Lengrich: Pabst, pp. 11–35.

Zundel R. (1989) Süße Droge Macht, Die ZEIT, Nachdruck: 18. Januar 2007, S. 15.

Ulrich Zwygart

Wie entscheiden Sie?

Entscheidungsfindung in schwierigen
Situationen – mit Fallbeispielen von Hannibal
über John F. Kennedy bis Jack Welch

2007. 271 Seiten, 67 Abbildungen, gebunden
CHF 44.– / EUR 29.–
ISBN 978-3-258-07178-7

Wie trifft man Entscheidungen in schwierigen Situationen? Intuitiv oder rational?
Welche Rolle spielen Berater oder die Wertvorstellungen des Entscheidungsträ-
gers? Lässt sich Entscheiden trainieren? Ulrich Zwygart beantwortet die wich-
tigsten Fragen zur Entscheidungsfindung. Entscheidungsrelevante Faktoren wie
Ziel, Zeit, eigene Mittel und Optionen sowie die damit verbundenen Chancen und
Risiken werden anhand von zehn bedeutenden historischen Fallbeispielen beur-
teilt. Daraus werden praxisnahe Erkenntnisse für Verantwortungsträger in Politik,
Wirtschaft, Wissenschaft und Armee abgeleitet.

«Dieses Buch stellt die richtige Frage. Wird sie gut beantwortet, so resultieren bessere
Entscheidungen. Ulrich Zwygart offeriert ein sehr wertvolles Instrument, um mit grossen
Entscheidungsträgern der Geschichte die eigenen Fähigkeiten zu erkennen und zu steigern.
Das Buch zu studieren, ist eine gute Entscheidung!»
Nationalrat Johann N. Schneider-Ammann, Präsident der Ammann Gruppe, Präsident Swiss-
mem

«Die Entscheidungsprozesse in Wirtschaft, Politik und Armee sind sich sehr ähnlich. Die von
Zwygart sorgfältig ausgewählte Beispiele illustrieren anschaulich, wie historisch bedeutende Führer zu ihren Entscheidungen kamen. Ich empfehle dieses Buch jedem Manager
zur Lektüre.»
Dr. Hugo Bänziger, Mitglied des Vorstandesund Chief Risk Officer Deutsche Bank AG

«Die geschichtliche Bestätigung dessen, was wir seinerzeit auf allen Stufen der militärischen
Ausbildung und Praxis lehrten und lernten: nur der sich wiederholende, transparent gere-
gelte Ablaufprozess führt zu erfolgreichen Entscheidungen. Ein herausforderndes Lehr- und
Lesebuch.»
Dr. Arthur Liener, Korpskommandant a D /Generalleutnant a D, ehemaliger Generalstabchef
der Schweizer Armee

 **Haupt Verlag** Bern · Stuttgart · Wien
verlag@haupt.ch · www.haupt.ch